# 上司欠管理

分步呈現╳換位思考╳關係維護╳主動出擊╳角色定位

五個絕招帶你輕鬆「駕馭」自己的主管！

不被採納的意見就不是好意見，管理是一場「雙向互動」

**透過五招「向上管理」法，引導上司成為你的「神助手」！**

諸葛亮身為劉備的股肱之臣，幫助老闆取得成功是他的職責，
但現實總是殘酷的──主管不是機器人，不會每次都那麼聽話。
魏、蜀、吳三國爭霸，為我們演示了一場教科書級別的管理學革命。

鞠佳 著

# 目錄

# 目錄

# 前言

職場中，人人都有上司。

如何與上司相處，是每一個職場人必經的考驗。

對於大多數職場人來說，在上司面前總會陷於被動，這是一個明顯的問題點。

但其實，下屬也能管理上司，有一門職場技術，稱為「向上管理」。

要維護良好的上下級關係，並不只靠簡單的「上司命令＋下屬執行」，更在於下屬主動改善、製造機會，透過一些技巧，管理好上司的期望值、注意力、分寸感、關係度、角色定位等。這是一個雙贏的過程，而不是單方面行為。

說到這件事，古人早有妙招。三國時期的諸葛亮，是人們心目中的「智聖」，與他的上司劉備堪稱古代君臣的典範。他對劉備做的「向上管理」，絕招還不少呢！

· **絕招一**：分步呈現。在與上司交流資訊時，諸葛亮懂得輕重緩急，如何取捨，在恰當時間呈現恰當資訊，大大提升了溝通效率。比如入職時做的〈隆中對〉方案報告、管理方案「博望坡之戰」所做的工作規畫、荊州大戰時的科學建議，都是絕佳案例。

# 前言

- **絕招**二：換位思考。在與上司發生矛盾衝突時，諸葛亮懂得換位思考，從對方的角度切入，難題就迎刃而解。比如他從劉備的角度實現了成功勸說，看清上司的價值觀而前往東吳宣講，又巧用人腦科學說服了另一位大老闆孫權，這些都是他的成功案例。

- **絕招**三：關係維護。在職場複雜的人事關係中，諸葛亮遊刃有餘，見招拆招，面對上司、同僚們迥異的性格，適時切換合作模式，維護好整個團隊的關係。比如他巧妙的周旋於兩方領導者之間、恰當的處理老員工關羽和張飛的關係、有分寸的保持與新成員龐統和法正的距離、獲取關鍵下屬張松從而贏得策略勝利，這些都展現了他對人際關係的精妙掌握。

- **絕招**四：主動出擊。在遇到棘手的問題、缺乏有效的解決管道時，諸葛亮懂得製造機會、借力使力，出其不意的影響上司的決策。比如他借用吳國太的權力影響了孫權、借用群臣的合力影響了劉備、利用衝突引起了劉禪的注意，從而成功突破了個體的能力限制，實現了更高層面的影響力。

- **絕招**五：角色定位。諸葛亮從職業生涯開始，就對自己有明確的定位，找到合適的上司與平臺，做出與之適配的角色行為，從一個初出茅廬的年輕人快速成為一國重臣。並且在其

一生當中，他與不同的上級、同僚始終保持良好關係，甚至昇華為朋友、知己，這項能力是古往今來最稀缺的。

　　今天的職場人，要搞定主管、管理上司，可以借鑑諸葛亮的智慧。

　　本書將五個絕招分五個章節來分別論述，請跟隨諸葛亮的職場軌跡，開啟「向上管理」的大門吧！

# 前言 ——————————————————

# 第一章

## 分步呈現：亂花漸欲迷人眼，告訴上司關鍵點

工作中，資訊往往是繁雜的，不要一股腦的呈現給上司，避免「資訊消化不良」。一定要把繁雜的資訊加工整理，突出關鍵點，分步、有序的呈現出來，讓上司、同事「易於吸收」，從而認可你。

## 一、懂得如何匯報，迅速抓住上司的心

### 精彩呈現：〈隆中對〉裡呈現的思路

西元 207 年，湖北襄陽隆中山的茅屋裡。

年輕的諸葛亮初入職場，要向劉備做一場方案簡報，這是他職業生涯的第一次表現。

劉備是全中國的知名領袖，名聲大，人氣高，與他打交道的都是各界的巨擘；而諸葛亮很年輕，並無工作經驗，之前只是閒居在老家，寫寫文章。

27 歲的諸葛亮能否讓 47 歲的老江湖劉備眼前一亮呢？

這次簡報的主題叫〈隆中對〉，當時兩人面談的過程，被記錄了下來。《三國演義》是這樣記述的。

孔明笑曰：「願聞將軍之志。」

玄德屏人促席而告曰：「漢室傾頹，奸臣竊命，備不量力，欲伸大義於天下，而智術淺短，迄無所就。唯先生開其愚而拯其厄，實為萬幸！」

孔明曰：「自董卓造逆以來，天下豪傑並起。曹操勢不及袁紹，而竟能克紹者，非唯天時，抑亦人謀也。今操已擁百萬之眾，挾天子以令諸侯，此誠不可與爭鋒。孫權據有江東，已歷三世，國險而民附，此可用為援而不可圖也。荊州北據漢、沔，利盡南海，東連吳會，西通巴、蜀，此用武之地，非其主不能守；是殆天所以資將軍，將軍豈有意乎？益州險塞，沃野千里，天府之

國，高祖因之以成帝業；今劉璋闇弱，民殷國富，而不知存恤，智慧之士，思得明君。將軍既帝室之冑，信義著於四海，總攬英雄，思賢如渴，若跨有荊、益，保其岩阻，西和諸戎，南撫彝、越，外結孫權，內修政理；待天下有變，則命一上將將荊州之兵以向宛、洛，將軍身率益州之眾以出秦川，百姓有不簞食壺漿以迎將軍者乎？誠如是，則大業可成，漢室可興矣。此亮所以為將軍謀者也。唯將軍圖之。」

透過這次簡報，諸葛亮展現了他精湛的推理能力，乃至第二天，劉備就對其予以重用，聘他做副手，還發出一句流傳千古的讚嘆：「我得諸葛亮，如魚得水也！」

諸葛亮，好好的抓住了簡報的機會，讓上司看到他的思考力，這是職業生涯成功的開端。

這個方案背後有何技巧呢？我們來一觀究竟。

# 明確定位：上司的目標是什麼

〈隆中對〉的對話，是工作簡報的一個經典案例。

通觀全文會發現，諸葛亮採用的是「why —— what —— how」的三步法：為什麼、是什麼、怎麼做。

❖ **第一步，諸葛亮要弄清楚「為什麼」：上司為什麼要做這件事？**

孔明笑曰：「願聞將軍之志。」

只有先搞清楚上司的出發點，才知道方案該怎麼寫。

劉備說出了原因：因為漢朝衰落了，天下大亂，舊有規則失效，原有格局被打破，我是皇室成員之一，要伸張大義，讓天下恢復太平。

漢室傾頹，奸臣竊命，備不量力，欲伸大義於天下。

### ❖ 具體的目標是什麼？

欲伸大義於天下。

劉備的目標是：為了恢復天下太平。

同樣是在三國，有人搞清楚了目標，有人卻搞不清楚，差別是極大的：比如三國的第一猛將呂布，業務能力很強，但不知「為何而戰」，誰給他的好處多，他就投靠誰，最終被曹操消滅了。而曹操知道「為何而戰」，打仗只是手段，為實現統一天下的目的，他步步為營，最終以弱勝強，打敗了原本的霸主袁紹。

諸葛亮透過詢問，確定了劉備的目標是「恢復天下太平」，他注意到，「天下」這個詞是目標的具體定位。

初入職場時，有的員工還沒搞清楚老闆意圖，就急著做計畫，結果到進行簡報時，發現根本不是那回事，老闆不滿意，對你的印象也大打折扣。

來看看，如果上司的目標定位不同，諸葛亮做出的方案會一樣嗎？

・A 定位：守住目前擁有的荊州地區，不被曹操奪取。

· B 定位：控制整個長江以南，與北方曹操抗衡。

· C 定位：匡扶劉姓的江山，消滅曹操，一統天下。

如果是 A 定位，方案就該聚焦在本地小範圍的資源。

如果是 B 定位，方案就要涵蓋長江以南的所有資源。

而如果是 C 定位，那麼就要從全國局勢來通盤考慮了。

磨刀不誤砍柴工，清楚定位後，才能圍繞領導者的核心訴求進行闡述。

劉備的定位，是 C 選項。諸葛亮就圍繞著「天下」這個核心訴求，提供解決辦法。

❖ **為什麼這個目標可行呢？**

事實上，劉備的事業處於低谷，在南方只有一小塊市場，北方已經是曹操的天下了，根本無法抗衡。自己弱，敵人強，怎麼辦？

所以，諸葛亮建構了一個邏輯自我一致的前提。

天下豪傑並起，曹操勢不及袁紹，而竟能克紹者，非唯天時，抑亦人謀也。

意思是說：劉老闆您看，在如今這個英雄輩出的時代，就有一個「以弱勝強」的成功案例啊 —— 當初曹操弱小，實力不及袁紹，卻打敗了他，所以競爭並不一定看當前實力，而是靠策略計畫。

這個事實很有說服力：因為曹操有成功經驗，所以我們也可以效仿。

就像今天競爭激烈的時代，很多傳統龍頭貌似強大，其實已經落伍；而有的公司，雖然起步時弱小，但開創新的模式，迅速崛起，打敗了對手。

劉備團隊也像是一家新興公司，麻雀雖小，五臟俱全，有關羽、張飛、趙雲、諸葛亮，人才濟濟，凝聚力、戰鬥力很強。

理清了「為什麼要立此目標」、「什麼目標可行」的問題，接下來，就是分析現實情況了。

## 分析現狀：現實資源有什麼

第二步，是 what 的問題。要向領導者闡述：實現目標的資源有什麼？

諸葛亮對 what 進行了具體闡述：劉老闆您看啊，現實情況是這樣的，我把資源分為三類，第一類對我們不利，第二類可以合作，第三類是能夠拿下的。我們揚長避短，尋找優勢，避開劣勢，就能趁勢而起。

諸葛亮將現實資源分為三類。

A. 要避開的對手：北方曹操（擁百萬之眾，不可與其爭鋒）

B. 可合作的夥伴：東方孫權（已歷三世，可用為援而不可圖）

C. 要拿下的資源：南方荊州、西方益州（劉表不
  能守，劉璋闇弱）

A 類、B 類資源都不是我們的，只可加以利用，只有 C 類資源才是我們能擁有的。

並且，方案中還詳細說明，C 類資源的價值是什麼。

· 荊州：天下的樞紐，能控制各方的交通要道（北據漢沔，利盡南海，東連吳會，西通巴蜀，此用武之地）。

· 益州：資源很豐富，糧食基礎扎實，且有成功的先例（沃野千里，天府之國，高祖因之以成帝業）。

你看，這樣分類闡述，讓上司一目了然：哪些是要避開的，哪些是可以合作的，哪些是該爭取的，爭取的價值是什麼等等。

在職場中，不少人的表達就缺乏諸葛亮這樣的清晰邏輯，東說一句，西說一句，每個要素之間的邏輯關係也混亂，雖言之鑿鑿，可上司昏昏然，聽不到重點，效果大打折扣。

分步、分類呈現，諸葛亮這一點做得很好，能夠讓對方一目了然。

如果把上面那段論述畫成心智圖，如圖 1-1 所示。

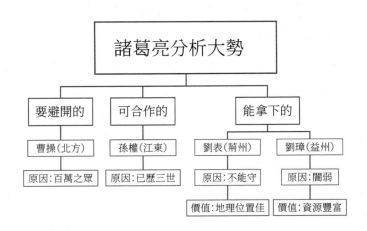

圖 1-1　心智圖

　　整個三國後來的局勢，基本上是按照這個分析發展的。劉備果然與孫權結盟，共同抗衡曹操，爭奪荊州和益州。三國故事也都在這幾方之間展開。

　　不得不說，諸葛亮初入職場，就已經看到了趨勢，摸準了問題點。

　　最重要的是他做了清晰分類，好好的呈現，讓上司一目了然。

　　這樣的下屬，上司怎能不喜歡呢？

## 解決問題：具體步驟如何實施

確定了目標，分析了資源，最後要輸出解決方案，也就是 how 的問題。

第三步，怎麼做？這是最關鍵的。

在方案中，諸葛亮給出了具體的步驟，分為三個階段。

### ❖ 第一階段：獲取有利資源（橫跨荊、益）

· 占領荊州，作為革命根據地（先取荊州為家）。

· 占領益州，獲得豐富的資源（後取西川建基業）。

### ❖ 第二階段：形成穩定優勢（以成鼎足之勢）

· 與周邊鄰居打好關係（西和諸戎，南撫夷越，外結孫權）。

· 自己團隊內部整合升級（內修政理）。

### ❖ 第三階段：占領全國市場（可圖中原）

· 等待全國的形勢變化（天下有變）。

· 從兩個關鍵重點打擊競爭對手（命一上將將荊州之兵以向宛、洛，將軍身率益州之眾出秦川）。

· 崛起成為新龍頭（大業可成，漢室可興）。

如果用流程圖表示，步驟如圖 1-2 所示。

每一步流程，環環相扣，層層推進，切實可行。

「怎麼做」的問題，在職場中最重要。如果前面你分析得頭頭是道，最後卻拿不出措施，其實這個方案是無效的。

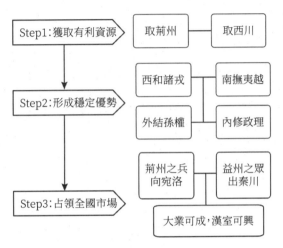

圖 1-2　具體步驟

❖ **諸葛亮採用的「why —— what —— how」三步法陳述可總結為：**

· 第一步，why 是目標定位，以「爭奪天下」為方案核心訴求。

· 第二步，what 是分析現狀，分析「現實資源」能為我們所用。

· 第三步，how 是執行方法，用「聯合抗敵」的方式達到目的。

這三步是層層遞進的關係。

如果用圖形的方式呈現，模型如圖 1-3 所示。

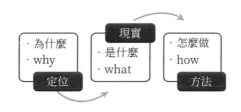

圖 1-3　「why—what—how」三步法

## 書面呈現：視覺化效果更顯眼

三步法簡報完畢，劉備不由得頻頻點頭。

一個 47 歲的職場老江湖，看中一個 27 歲的年輕人，是很不尋常的。

劉備被諸葛亮打動了。

方案闡述完畢，但見諸葛亮揮一揮手，讓書僮拿出一份資料：「劉老闆，剛才我只是口頭簡報，現在這是書面資料，請您過目。」

言罷，命童子取出畫一軸，掛於中堂，指謂玄德曰：「此西川五十四州之圖也。」

諸葛亮指著地圖說：「這是我們策略重點的西川地圖，五十四州的位置、隘口、交通路線，我都做了詳細考量。」

臺上一分鐘，臺下十年功。諸葛亮真是做足了準備啊。

劉備更加讚賞：這年輕人很用心，不僅口頭表述，還有書面呈現！

### ❖ 口頭簡報是「聽覺化資訊」，書面資料是「視覺化資訊」

兩者有何不同？

從人的感官心理來說，「聲音」的傳遞是即時的，特點是效率高、遺忘快。當時聽的感覺不錯，但說完後，對方的記憶就開始退卻。

想一想，我們平常聽演講時，是不是這種感覺？某個大師的精彩演講、某個名人的熱情分享，現場聽得熱血沸騰，但如果沒有做筆記，回去之後兩天就遺忘很多，具體的知識已經想不起來。

所以，如果只單純靠說，效果並不最好。好的演講都需要「視覺化」素材的配合，比如大螢幕上的 PPT 呈現，或者白板、黑板上的字句，這些都能讓聽眾留下「視覺化記憶」。

心理學家研究發現：人類資訊傳遞的八成來自視覺，剩下兩成的資訊傳遞才來自聽覺等其他感官。

### ❖ 不僅要讓上司「聽見」，更要讓上司「看見」

這個動作，我們在職場中要記得使用。

但凡稍微複雜一點的簡報，最好都要有書面資料，可以是

文稿、表格、模型，哪怕簡單的一個草圖，總之，目的就是要呈現「視覺化」，讓上司一目了然，你的溝通才更有成效。

諸葛亮的第一次簡報，獲得了成功。

## 千年規律：歷史名篇的表達邏輯

〈隆中對〉裡的「why —— what —— how」三步法，在歷史上其他的名篇裡，同樣是存在的。

比如，諸葛亮幾十年後還有一篇名篇〈出師表〉，是他寫給蜀國的第二代領導者劉禪的工作規畫。這篇文章從小我們都學過，它也是用了三步法呈現。

先帝創業未半而中道崩殂，今天下三分，益州疲弊，此誠危急存亡之秋也。然侍衛之臣不懈於內，忠志之士忘身於外者，蓋追先帝之殊遇，欲報之於陛下也。誠宜開張聖聽，以光先帝遺德，恢弘志士之氣，不宜妄自菲薄，引喻失義，以塞忠諫之路也。

宮中府中，俱為一體；陟罰臧否，不宜異同：若有作奸犯科及為忠善者，宜付有司論其刑賞，以昭陛下平明之理；不宜偏私，使內外異法也。

侍中、侍郎郭攸之、費禕、董允等，此皆良實，志慮忠純，是以先帝簡拔以遺陛下：愚以為宮中之事，事無大小，悉以諮之，然後施行，必能裨補闕漏，有所廣益。

將軍向寵，性行淑均，曉暢軍事，試用於昔日，先帝稱之曰能，是以眾議舉寵為督：愚以為營中之事，悉以諮之，必能使行陣和

睦，優劣得所。

親賢臣，遠小人，此先漢所以興隆也；親小人，遠賢臣，此後漢所以傾頹也。先帝在時，每與臣論此事，未嘗不嘆息痛恨於桓、靈也。侍中、尚書、長史、參軍，此悉貞良死節之臣，願陛下親之信之，則漢室之隆，可計日而待也。

臣本布衣，躬耕於南陽，苟全性命於亂世，不求聞達於諸侯。先帝不以臣卑鄙，猥自枉屈，三顧臣於草廬之中，諮臣以當世之事，由是感激，遂許先帝以驅馳。後值傾覆，受任於敗軍之際，奉命於危難之間：爾來二十有一年矣。

先帝知臣謹慎，故臨崩寄臣以大事也。受命以來，夙夜憂嘆，恐託付不效，以傷先帝之明；故五月渡瀘，深入不毛。今南方已定，兵甲已足，當獎率三軍，北定中原，庶竭駑鈍，攘除姦凶，興復漢室，還於舊都。此臣所以報先帝而忠陛下之職分也。至於斟酌損益，進盡忠言，則攸之、禕、允之任也。

願陛下託臣以討賊興復之效，不效，則治臣之罪，以告先帝之靈。若無興德之言，則責攸之、禕、允等之慢，以彰其咎；陛下亦宜自謀，以諮諏善道，察納雅言，深追先帝遺詔。臣不勝受恩感激。

今當遠離，臨表涕零，不知所言。

## ❖ 首先，是 why，開門見山的說明了「我們要出師北伐」的原因

先帝創業未半而中道崩殂，今天下三分，益州疲弊，此誠危急存亡之秋也。

因為先帝（劉備）創業剛有起色，建立了蜀國，大業未完成一半就去世了，如今三國鼎立，我們蜀國是最弱小的，這是危急存亡的時刻。所以我們要儘早出師北伐，趁現在還有實力，拿下中原，不能偏安一隅，否則時間拖得越久，對我們越不利啊。

❖ **其次，是 what，羅列了「我們現在有哪些優勢／資源」**

1. 朝廷內部都認真不懈，外界邊疆的將士們都奮不顧身（然侍衛之臣不懈於內，忠志之士忘身於外者）。

2. 郭攸之、費禕、董允這些人，把朝廷內政打理得很好，都是忠良之臣（侍中、侍郎郭攸之、費禕、董允等，此皆良實）。

3. 將軍向寵，性格好，EQ 高，軍事武功又好，當年就被先帝稱讚，現在讓他當大將軍，領兵北伐，是大家一致的決議（將軍向寵，性行淑均，曉暢軍事，試用於昔日，先帝稱之曰「能」，是以眾議舉寵為督）。

4. 之前我們已深入不毛之地，平定了南方少數民族，後方很穩定了，現在人員武器都很完備，可以北伐（故五月渡瀘，深入不毛，今南方已定，兵甲已足）。

❖ **最後，是 how，陳述了「朝廷內外都該怎麼做」**

1. 對外，我們要激勵軍隊，北伐中原，消滅奸臣，恢復漢朝

的權威，我們最終入主大漢的京城。這是我所負責的重大項目，如果沒達到預期效果，我要接受懲罰（當獎率三軍，北定中原，庶竭駑鈍，攘除姦凶，興復漢室，還於舊都……願陛下託臣以討賊興復之效，不效，則治臣之罪）。

2. 對內，郭攸之、費禕、董允這幾位忠臣盡心盡責，建言輔佐朝廷。如果他們沒有做好勸諫，就是失職，也要受到懲罰（至於斟酌損益，進盡忠言，則攸之、禕、允之任也……若無興德之言，則責攸之、禕、允等之慢，以彰其咎）。

3. 請陛下（劉禪）您自己也做好表率，多聽取臣下們的意見（陛下亦宜自謀，以諮諏善道，察納雅言）。

除〈出師表〉使用「why —— what —— how」三步法之外，另一本書裡也大量使用了這個技巧，那就是被世界各國尊奉為「百世談兵之祖」的中國經典 —— 《孫子兵法》。

《孫子兵法》有 13 篇文章，是孫武為了求見吳王闔閭而提交的 13 篇報告。吳王看過這些文章後讚不絕口，立刻就聘他做大將軍。

比如，開篇的〈計篇〉裡，用的就是「why —— what —— how」三步法陳述。

首先，是 why，孫武開門見山，告訴吳王「為什麼我要為您寫兵法」。

> 兵者，國之大事，死生之地，存亡之道，不可不察也。

意思是：因為軍事用兵，是國家最大的事，關係到國家的生死存亡，所以，大王您不能不認真考慮啊。

其次，是 what，羅列給吳王「軍事需要考慮的因素是哪些」。

> 故經之以五事，校之以計，而索其情：一曰道，二曰天，三曰地，四曰將，五曰法。

意思是：大王，軍事內容一共要考慮五個方面，我都替您羅列出來了，第一是道義信仰，第二是天時節氣，第三是地形位置，第四是將領士兵，第五是軍法規則，以及它們的具體內容。

最後，是 how，告訴吳王「具體應該怎麼做」。

> 兵者，詭道也。故能而示之不能，用而示之不用，近而示之遠，遠而示之近；利而誘之，亂而取之，實而備之，強而避之，怒而撓之，卑而驕之，佚而勞之，親而離之。攻其無備，出其不意。

兵法具體要這麼做：你有能力時要裝作沒能力，有用時要裝作沒用，近距離時就騙對方很遠，遠距離時就騙對方很近，用好處去誘惑敵人，在混亂中撈取好處，如果對方強大就要避開，如果對方暴躁就去激怒他，如果對方怯弱就要去嚇唬他，如果對方安逸就去折磨他。趁對方沒防備時突然攻擊，達到意想不到的結果。

所以你看，在這些歷史名篇中，都採用「why —— what —— how」的三步法技巧。那是因為它簡單易學，適合呈現，思路清晰，層層推進。

---

### 職場實踐：做好簡報的技巧

使用 why —— what —— how 的呈現方法，把雜亂的資訊整理成這樣三部分，呈現給主管，資訊就顯得很精準了。主管一目了然，會更加滿意。

在具體的工作中，有如下範例，可以借鑑。

**Why：明確定位**

此次簡報的目的是 _____，要達到的效果是 _____，之所以能實現的關鍵原因是 _____。

**What：分析現狀**

目前現狀有如下幾點：(1) _____。(2) _____。(3) _____。我們的優勢／能力在於 _____。

**How：解決問題**

具體步驟是這樣做：第一步 _____，第二步 _____，第三步 _____。

---

# 二、從新手到熟手，自我呈現要分階段

## 新手困境：諸葛亮遭遇資深同事的不滿

資深員工瞧不起新人，是職場中普遍會遇到的問題。

諸葛亮剛進公司才幾天，就遇到了這個情況。

雖然上司劉備欣賞他，但其他同事卻不樂意，其中，關羽、張飛兩位老前輩最不滿。

早在劉備「三顧茅廬」時，關張二人心裡就很不爽。關羽說：「劉老闆，您以皇叔身分拜會那個年輕人，這要傳出去，豈不被人笑話？」張飛就更直接，怒氣沖沖道：「諸葛不過是一介村夫，何須您親自拜訪？我拿麻繩去把他捆來！」

從關羽、張飛的角度來說，也不無道理。他們倆可是老員工了，很早就入了股，論資歷、論能力都是響噹噹的。二人跟劉老闆除了上下級關係，更有「桃園三結義」的兄弟情義，這種「合作夥伴＋結拜兄弟」的關係，在團隊裡遠非一般人能比。

可這個諸葛亮，年紀輕輕，30 歲不到，剛來就平步青雲。憑什麼？

諸葛亮自己心裡也明白，初來乍到，要讓同事們從認識、接納到認可自己 —— 這個過程，是急不得的。

新人初來，形象、性格、才幹等個人資訊，都需要一步步呈現，讓大家慢慢接受，而不是剛進公司就一股腦的表現。

❖ **假如剛進到一個新環境，你會怎麼做？**

　　A. 低調處事，做好自己，不搶風頭

　　B. 打好關係，上司同事，良好印象

　　C. 獲得授權，挑戰任務，刮目相看

　　每個人的能力不一樣，面臨的場景不同，選擇也不同。

　　諸葛亮的做法是 ABC 他都做了，有序的推進。

　　如果說，上一節的「方案簡報」是事件資訊的呈現，那麼，本節的「職業角色」則是自我角色的資訊呈現。

　　其實，這三步暗合了中國最古老的《易經》智慧法則，依次是三個階段：

　　A. 潛龍勿用

　　B. 見龍在田

　　C. 飛龍在天

　　就讓我們來看看諸葛亮每一步是怎麼走的吧。

## 潛龍勿用：避免過早呈現太多資訊

　　低調謙虛，不出風頭，是一個新人的起點。

　　哪怕是「臥龍先生」諸葛亮，也要做一條潛伏的龍。

　　別看他在面試時，侃侃而談，縱橫捭闔，那只是為了留下個好印象。真正的工作，是要與一群員工共事，不是唱獨角戲了，如果你急於表現，很容易踩到雷區。

畢竟，你還不熟悉這個環境。

新環境裡的各色人等，都需要時間去了解。

比如，關羽、張飛、趙雲各是什麼性格？甘夫人、糜夫人的態度怎樣？誰會斤斤計較但裝作很客氣？誰是個直腸子卻並沒有心眼？誰資歷最老連劉老闆都要讓三分？⋯⋯

還有部門裡的明規則、潛規則，五花八門。

比如，為什麼平分糧草而關羽卻總能多得一份？為什麼張飛酗酒而上級就當沒看見？為什麼大家都要送禮物給糜夫人，而對甘夫人就是口頭問候？⋯⋯

尤其還有一點，是基層員工的視野盲區 —— 上級自己還有上級。

劉備的上級是誰？是荊州集團的大老闆劉表。兩人都姓劉，名義上都是漢朝的皇親，但劉表是真正握有荊州大權，而劉備只算是下轄的分公司的主管。

這背後的門道，多了。你得先摸清楚了，哪個地方水淺水深，何時可以一腳踏過去，何時要摸著石頭過河。

所以，剛進公司時，諸葛亮很低調，從不打聽事，不說閒話，不插手與自己無關的事務，把「潛龍勿用」這四個字牢牢記在心裡。

有一件事就能說明諸葛亮的態度。

劉表長子琦（劉琦），亦深器亮（諸葛亮）。表受後妻之言，

*愛少子琮（劉琮），不悅於琦。琦每欲與亮謀自安之術，亮輒拒塞，未與處畫。*

這件事有個背景：荊州大老闆劉表有兩個兒子，長子劉琦，次子劉琮。兩人暗地裡爭奪接班人的位置，其實已經很久了。

按照傳統，立長子為接班人嘛，應該是劉琦接班。但是劉表呢，更喜歡二老婆，也更喜歡二兒子劉琮。所以長子劉琦就很惶恐，害怕自己被廢掉，多次去詢問諸葛亮：小亮，你替我想想辦法，有沒有什麼建議？

諸葛亮當然是有策略的，但他知道，剛進入荊州集團，面對這麼盤根錯節的關係，怎能貿然表態？於是拒絕了劉琦，很低調的不摻和。

後來，劉琦還多次來詢問。

劉琦求見說：「繼母把持了我父親（劉表）的心意，為了讓她的兒子順利接班，恐怕要讓她內弟（蔡瑁將軍）加害於我，我的性命危在旦夕，請您救我呀！」

諸葛亮多次回絕了：「這是荊州高層的家事，我不敢摻和。」

諸葛亮這個態度是對的。他剛入職場，對於荊州這家大集團還不了解，這件事牽涉很廣，大老闆劉表、老闆的二夫人、老闆的小舅子、兩個競爭的接班人以及分公司的劉備 —— 都有

千絲萬縷的關聯，盤根錯節，豈是一個新人就搞得定的？

所以最好的方式就是不摻和、低調，不要過早選邊站，免得誤踩雷區。

在沒摸清楚水深水淺時，就潛在水裡做一條「潛龍」。

## 見龍在田：呈現一些小成績給上司看

但一直低調也不行。

你是要在職場上做一番事業的，這就進入到第二階段了。

一段時間之後，對人事關係有了把握，諸葛亮就要做點小成績出來。

這個階段，在《易經‧乾卦》裡，這樣描述。

見龍在田，利見大人。

意思是：你現在不要潛在水裡了，要出現在田地上（沒飛上天），要被你的「大人」所看見。

「大人」是什麼意思？是指那些能夠決定你前途的人，比如老闆、長輩、老師或某事務的重大影響人，對你至關重要的，都可以是「大人」。

諸葛亮的「大人」，就是他的上司劉備。

此時要做一些小成績出來，但還不是大成績，所以是「在田」，而不是「在天」。

這個階段，諸葛亮活動起來，主動和資深同事們打好關

係，尤其是像關羽、張飛這樣的老前輩。

關羽、張飛負責前線打戰，諸葛亮負責後勤工作，為他們提供糧草補給、馬匹供應、機械裝備等，都盡心盡責，也藉此跟他們交流。

年輕人表現不錯，後勤做得很俐落。

亮之治蜀，田疇辟，倉廩實，器械利，蓄積饒，朝會不華，路無醉人。

開田闢地，鼓勵多種糧食，協助打造兵器，充實了糧庫和兵器庫。

當然，最重要的是，要讓上司看到佳績，「利見大人」。

玄德遂招新野之民，得三千人，孔明朝夕教演陣法。

劉備駐紮在荊州下轄的新野，又招攬了三千新兵，諸葛亮就每天督促他們操練陣法，日夜操練，把劉老闆交代的事認真完成。

這些都是「見龍在田」，龍雖然還沒飛到天上，但已在田野上初現端倪了。

新人入職，小試身手，點點滴滴中讓同事們留下好的印象。

這些表現，當然不算大放異彩，而是零星點滴的，小量的呈現自己，讓大家慢慢熟知你，持續的建立存在感。

比如，經常向上司給予提醒，做些小的規畫。

孔明曰：「曹操於冀州作玄武池以練水軍，必有侵江南之意。可密令人過江探聽虛實。」玄德從之，使人往江東探聽。

或者，主動為老闆做好服務，提供參考建議。

劉表差人來請玄德赴荊州議事。孔明曰：「……某當與主公同往，相機而行，自有良策。」

這樣的話，老闆和同事們就會對你的印象越來越好。

## 飛龍在天：保持和上司的緊密連結

有前兩階段的鋪墊，第三階段就要一展身手了！

這一階段，《易經·乾卦》對龍的行為描述是：

飛龍在天，利見大人。

這時將要成為飛上天去的龍。但別忘了，還要繼續「利見大人」，保持和上司的緊密連結。

在《易經》中，「大人」一詞出現的頻率很高，中國智慧的源頭一直在強調：那些能影響你事業、人生的決策人士，你要好好的接近他們，而不是孤身作戰。

此時，劉備公司遭遇了危機：競爭對手曹操，率五十萬大軍來襲，要搶奪荊州市場，並消滅劉備。劉備問諸葛亮：「小亮，交給你一個艱鉅的任務，抵擋住曹軍的進攻。有主意嗎？」

諸葛亮當然有主意了，這正是他「飛龍在天」的機會。

不過，在接任務前，他要確定一個因素，才能接手。

如果是你，你覺得會是哪個因素？

　A. 得到團隊成員的共同支持

　B. 得到全面的敵軍的資訊

　C. 得到上司的充分信任和授權

當然，這三點都很重要。

但對於諸葛亮來說，打贏第一戰，最重要的是 C 選項，他要獲得上司劉備的充分信任和授權，「利見大人」是靠領導者的權威來凝聚人心。

這時，請注意諸葛亮的行為 —— 他向劉老闆提出了一個請求。

> 孔明曰：「但恐關、張二人不肯聽吾號令，主公若欲亮行兵，乞假劍印。」玄德便以劍印付孔明，孔明遂聚集眾將聽令。

諸葛亮說：「我可以接下這個艱鉅任務，但是怕調動不了其他員工，尤其像關羽、張飛這樣的老前輩。如果大家不聽我的號令，那麼就無法完成任務。所以您要把劍印借給我，我才能命令他們。」

劍印是軍隊首長的權力象徵，就像今天的公司章一樣，蓋在文件上，就有了權威和法律效力。

在職場中，當個人權威不夠時，你就需要借助上司的權威背書來推動任務。

所以，請記得——讓上司蓋章、簽字同意，就能順理成章的指揮別人：「這是上司的命令，已經授權，必須執行。」

諸葛亮要借劉老闆的劍印一用。

劉老闆同意了，充分授權。

諸葛亮這才真正開始調兵遣將了。

這就叫做「飛龍在天，利見大人」，你的成功始終與上司緊密相連。

## 未雨綢繆：前期有累積才能應變

但是，做到「飛龍在天」，只有簡單的「利見大人」四個字嗎？

非也。其實前期要下的功夫很多，需要做大量、持續的累積。

而這些日常累積是別人很難覺察到的，都是在暗處下工夫。

《易經·乾卦》中說，在成為「飛龍」之前，要下很多工夫。

君子終日乾乾，夕惕若厲，無咎。

意思是：每天都把工作做得很扎實，晚上還要反思自省，像是已經面對危險一樣，帶著這樣的心態去思考，盡量避免未來可能犯的錯誤。

這些累積，諸葛亮在日常工作的點滴中做，我們是看不到的，歷史也沒有記錄下來。

直到他走到第三階段「飛龍」，對全體員工們發布命令時，我們才能管窺一斑，發現他之前做了那麼多功課。

孔明令曰：「博望之左有山，名曰豫山；右有林，名曰安林：可以埋伏軍馬。雲長可引一千軍往豫山埋伏，等彼軍至，放過休敵；其輜重糧草，必在後面，但看南面火起，可縱兵出擊，就焚其糧草。翼德可引一千軍去安林背後山谷中埋伏，只看南面火起，便可出，向博望城舊屯糧草處縱火燒之。關平、劉封可引五百軍，預備引火之物，於博望坡後兩邊等候，至初更兵到，便可放火矣。」

又命：「於樊城取回趙雲，令為前部，不要贏，只要輸，主公自引一軍為後援。各須依計而行，勿使有失。」

這個任務，諸葛亮安排得井井有條，調度有方。

你能看到他背後所做的功課嗎？

這是基於他前期對地形的研究。

哪裡可以埋伏？ —— 左有豫山，右有安林

哪裡適合放火？ —— 博望坡後兩邊

哪裡是敵軍最脆弱的地方？ —— 山谷

所以，你只看到別人提出方案很快，卻沒看到別人背後所做的努力。

早在之前，諸葛亮就做足了準備，去實地考察過地形，對博望坡周邊瞭如指掌，才能在危機時迅速做好部署。

未雨綢繆，才能臨機應變！

另外，這裡要提到一個現象：職場中，當上司已經向你明確表示要執行方案了，說明問題相當緊迫了。

所以，作為一個下屬，平常要有預判思維，對部門、外界形勢等有些敏感度。即使方向不明，也可持續蒐集一些資訊，作為業餘累積，終究是有備無患。

除了實地研究，還有對團隊每個成員的熟知。

「博望坡之戰」這個方案裡，涉及的人員有：關羽、張飛、趙雲、關平、劉封 —— 他們的級別、屬性都不同。

諸葛亮對他們充分了解，才能做出合適的安排。

他分成了 ABC 三類人事。

A. 把最好的資源交給最有經驗的人，承擔最大的責任（關羽、張飛各引一千軍，縱兵出擊）：安排關羽、張飛為主力廝殺 —— 因為他們二人是主要力量，經驗豐富，能挑大梁，並且還是劉備的結義兄弟，重點業績肯定是讓上司最信任的人來做啊！責任也是重大的，成敗就靠他倆！

B. 把創新性的任務交給年輕有活力的人（趙雲為前部，不要贏，只要輸）：安排趙雲做前鋒，誘敵深入 —— 因為趙雲比關羽、張飛年輕，資歷較淺，曹軍大將不太認識他，容易被他欺騙，

但趙雲武藝高超，業務能力強，富有活力，能
　　　　夠完成這個挑戰性任務！

　C. 把輔助型工作交給後進新人，培養他們（關平、
　　　劉封引五百軍，預備引火之物）：安排關平、
　　　劉封放火——這兩員小將，一個是關羽的義
　　　子，一個是劉備的養子，屬於後輩中的人才，
　　　雖還不是主力，但讓他們多熟悉一下業務，將
　　　來可能是要接班的！

　　在職場中，只要是一件稍微複雜的事務，就要考慮到每個
人的級別、能力、特點，以及他們在職場中的相互關係。這
時，把任務交給最合適的人，是要靠你前期對每個人的了解，
做足調查。

## 流程呈現：5W1H 法則精準呈現

　　這個執行方案，有沒有一個技巧可以學習呢？

　　其實，諸葛亮的規畫就是應用了 5W1H 法則，向上司、同
事們精準的呈現了資訊。

　　5W1H 法則——Why、What、Where、When、Who、
How。5W1H 法則也叫「六何分析法」，是管理學中最經典的
法則之一。它把一個任務分成六部分，讓人們能周全的從各個
角度去考慮。

- Why 原因：為什麼要做？
- What 事件：這是一件什麼事？
- Where 地點：在哪裡做？
- When 時間：何時做？
- Who 人員：哪些人員參與？
- How 方法：具體步驟流程是什麼？

請看諸葛亮的 5W1H 法則

- 原因：為了抵抗強大的敵人。
- 事件：要以少勝多，用計迷惑。
- 地點：在博望坡。
- 時間：等敵軍到、點火為號。
- 人員：劉備、關羽、張飛、趙雲、關平、劉封。
- 方法：誘敵 —— 埋伏 —— 放火 —— 突襲。

我們在職場中，要完成一項任務，至少要考慮這六個方面。當你把這六個方面想清楚了，以 5W1H 的形式呈現給上司時，上司就會一目了然，對你也會有信心。

當然，上述的 5W1H 還只是一個大範圍結構。

在具體執行中，每一步還有細分的 5W1H，更加具體，以便讓執行者清楚的落實到每個步驟。

將諸葛亮的規畫，畫成步驟流程圖，如圖 1-4 所示。

第一步 〉

Why：讓敵軍輕信上鉤
What：誘敵戰術
Where：博望坡前
When：等敵軍到
Who：趙雲
How：只要輸，不要贏

第二步 〉

Why：不要暴露我軍主力
What：埋伏戰術
Where：豫山、安林
When：等敵軍過去
Who：關羽、張飛
How：靜待火起

第三步 〉

Why：火燒敵軍效果最顯
What：火攻戰術
Where：博望坡的狹長地帶
When：敵軍深入時
Who：關平、劉封
How：點燃乾草燒山

第四步 〉

Why：趁亂攻擊殺傷力最大
What：偷襲戰術
Where：之前埋伏好的地點
When：敵軍混亂後撤時
Who：關平、張飛
How：截斷後路，焚燒糧草

圖 1-4　諸葛亮的 5W1H 法則

## 最終成敗：關鍵的一跳需要勇氣

做好了足夠的累積，是不是就一飛沖天了呢？不。

畢竟這只是突破原有格局，面臨的困難不只一星半點。

《易經‧乾卦》中說了，能不能成為飛龍，成敗在於關鍵一跳。

> 或躍在淵，無咎。

意思是：在懸崖前奮力一跳，要麼一躍而起，要麼跌落深淵！

大戰在即，挑戰來臨，既然你接下這個任務，就無路可退，必須在懸崖邊冒險一跳！這一跳能否成功？不知道，兩種可能都有。

此時的諸葛亮彷彿站在懸崖邊，既沒有了退路，又要面對前方重重壓力。員工們對他並不服氣，看樣子要崩盤。

> 雲長曰：「我等皆出迎敵，未審軍師卻作何事？」孔明曰：「我只坐守縣城。」張飛大笑曰：「我們都去廝殺，你卻在家裡坐地，好自在！」孔明曰：「劍印在此，違令者斬！」玄德曰：「豈不聞『運籌帷幄之中，決勝千里之外』？二弟不可違令。」

資歷最老的關羽第一個發難了：「我們都聽你的安排，出去迎敵。那麼諸葛亮你自己做什麼？」關羽明顯不服氣。

諸葛亮如實回答：「我只坐鎮城中。」

張飛哈哈大笑起來：「你讓我們出去廝殺，自己卻在家裡坐著，你倒是自在得很啊！」言辭當中，充滿了對他的質疑。

此時面對全公司的員工，該怎麼回答？

當斷不斷，反受其亂，諸葛亮不再解釋，立刻拿出劉老闆的授權：「劍印在此，違令者斬！」

最高領導者劉備也出來表態，支持諸葛亮：「你們沒聽說過，『運籌帷幄之中，決勝千里之外』嗎？諸葛亮就是坐在家裡運籌帷幄，你們就是出去廝殺決勝千里。兩位兄弟不要違抗命令。」

你看，諸葛亮要想從「或躍在淵」到「飛龍在天」，這關鍵一跳是有很大阻力的。幸好他「利見大人」，一直緊緊連結上司劉備，才能藉劉老闆權威壓制住下面的員工。

張飛冷笑而去。雲長曰：「我們且看他的計應也不應，那時卻來問他未遲！」

張飛被劉備訓斥了，不再說話，冷笑走了。關羽走時說：「我們先照這個方案去執行，看到底有沒有效果，結束後再來問他也不遲！」

眾將皆未知孔明韜略，今雖聽令，卻都疑惑不定。

其他員工在場都瞧見了，雖然都接受了任務，但沒人見識過諸葛亮的才華，心裡都疑惑不定。

派撥已畢，玄德亦疑惑不定。

其實，連劉備心裡也是疑惑不定的。可是怎麼辦呢？關鍵時刻，別無退路，最高領導者只有助力下屬，共度難關，開弓沒有回頭箭了！

整理一下前面的內容：潛龍勿用、見龍在田、終日乾乾、夕惕若厲，還有那反覆提及的「利見大人」。要知道一次成功背後，有多少默默努力的汗水、持續的累積。你的才華展示是需要時間的，從少到多的業績表現，認認真真的工作，周密詳實的調查，以及持續的得到上司信任，才能畢其功於一役。

最後結果還不可知，要「或躍在淵」。

一個「或」字，是有可能的意思。《易經》也無法告訴你是否成功，只是告訴有你兩種可能。既然沒有了回頭路，硬著頭皮迎戰吧！

最終戰果如何？戰果非常棒。

一霎時，四面八方，盡皆是火，又值風大，火勢愈猛。曹家人馬，自相踐踏，死者不計其數。

後人有詩曰：「博望相持用火攻，指揮如意笑談中。直須驚破曹公膽，初出茅廬第一功！」

卻說孔明收軍。關、張二人相謂曰：「孔明真英傑也！」

這一戰，大風大火燒得曹軍狼狽逃竄，相互踩踏，打得相

當漂亮！可謂是諸葛亮初出茅廬立的第一次大功。

長期的努力，終於得到回報！尤其是資深同事關羽、張飛，對這位新同事是心悅誠服：「諸葛亮確實是英傑啊！」

透過「火燒博望坡」這個重大專案，諸葛亮一鳴驚人，創造了傑出的業績，獲得了全公司上下一致的認可。

劉備的心裡也落下一塊石頭。從當初決定重用諸葛亮，到授權最重要的劍印，他作為上司也是要承擔風險的，還要面對很多質疑。但這一切，證明是值得的。

小亮終於透過自己的努力，坐定了「副手」的位置。

《易經·乾卦》對這個過程用了一句話簡單歸納。

天行健，君子以自強不息。

這就是每個人的價值所在，像天地運轉那樣，永遠自強不息！

---

### 職場實踐：步步為營的技巧

最後，我們來總結一下做法。

職場中，你從新手到熟手，需要經歷若干階段。三個階段循序漸進，分步呈現自己，既是給自己一個適應的節奏，也是讓同事們適應你的融入。

請記住這三步的關鍵動作。

**第一步，潛龍勿用**

(1) 少表現，不出風頭，避免踩到雷區。

> （2）熟悉人員情況，摸清楚明規則和隱規則。
>
> **第二步，見龍在田**
>
> （1）持續、小量的做出成績，建立存在感。
>
> （2）要讓上司直接或間接知道。
>
> **第三步，飛龍在天**
>
> （1）默默累積、籌備，尋找適合發揮的機會。
>
> （2）得到上司的支持許可。
>
> （3）當仁不讓，大幹一場，把自己本事盡顯出來，讓全部門的人見識到你的才能。

# 三、提建議有所講究，分層分級顯智慧

## 下屬困惑：上司需要什麼樣的員工

作為下屬，普遍會遇到一個問題：雖然自己對工作很熱心，但效果往往不佳 —— 上司真正需要我做什麼呢？

關羽、張飛就遇到這種苦惱：最近公司遇到了危機，他們做表態、提意見，本是為了公司好，但劉備卻並不滿意。

我們來看看當時的情形：

曹操五十萬大軍打來了，劉備公司可能扛不住，是戰還是逃？劉老闆詢問大家的意見。

首先是張飛，表現得很勇敢。

張飛曰：「事已如此，可先斬宋忠，隨起兵渡江，奪了襄陽，殺了蔡氏、劉琮，然後與曹操交戰！」

張飛叫道：「既然這樣了，那我們就奪下襄陽城，再跟曹操拚了！」他覺得自己不怕犧牲，凡事都衝在前面。但劉備聽了，卻並不高興，覺得他太情緒化，根本不考慮實際情況。曹操兵力是我們的十幾倍，我們打得過他嗎？你張飛就知道拚蠻力，不動腦子。

然後是關羽，翻舊帳。

從幾年前開始闡述，苦口婆心的說明，指出上司當年的錯誤，分析今天的局勢。

初，劉備在許，與曹公共獵。獵中，眾散，羽勸備殺公，備不從。及在夏口，飄颻江渚，羽怒曰：「往日獵中，若從羽言，可無今日之困！」

幾年前，劉備和曹操關係還比較好時，兩人曾一起去打獵度假。那時關羽就勸劉備除掉曹操這個潛在對手，免得以後他變得強大，但劉備沒聽，要以德服人。所以關羽就回憶起來：「劉老闆，當年我就勸你，趁機除掉曹操。要是聽我的，今天怎麼還會弄到這個地步？」

關羽覺得自己一心為老闆好，提出批評也是忠心的。但在劉備看來，這種翻舊帳的行為讓他心裡很不舒服。儘管下屬說

得對，可是讓老闆臉上無光。

劉老闆心裡不快：你就知道翻舊帳，說了那麼多陳年舊事，有什麼用呢？

再來看看危急之時，糜芳、張飛是怎麼表現的。

> 忽見糜芳面帶數箭，跟蹌而來，口言：「趙子龍（趙雲）反投曹操去了也！」玄德叱曰：「子龍是我故交，安肯反乎？」張飛曰：「他今見我等勢窮力盡，或者反投曹操，以圖富貴耳！」玄德曰：「子龍從我於患難，心如鐵石，非富貴所能動搖也。」糜芳曰：「我親見他投西北去了。」張飛曰：「待我親自尋他去。若撞見時，一槍刺死！」

糜芳跑來報告老闆：「趙雲不見了，肯定是投降曹操去了！」

張飛想也沒想，立刻跟著懷疑，罵道：「哼，趙雲看見我們公司沒前途了，就去投靠曹操。」

劉備為了穩定軍心，還解釋說：「趙雲也是跟我們一起奮鬥過來的，我相信他的人品，不會為了一點利益而動搖。」

糜芳卻不依不饒，火上澆油：「我親眼看見他投奔曹營去了。」

張飛這下更急了，火冒三丈：「待我去抓他，如果看見了，我就一槍刺死他！這個忘恩負義的小人！」

糜芳、張飛覺得自己發現了「叛徒」，向老闆報告，並堅決和「叛徒」劃清界限，以表忠心。但劉老闆這時並不想聽：危急時刻，你們這不是擾亂軍心嗎？何況未經證實，就說別人的壞話（其實，趙雲是單槍匹馬闖入曹營去救劉備的兒子阿斗了）。

　　你看，在劉老闆的眼裡，下屬們的表現是這樣的：張飛很情緒化，聽風就是雨，當著老闆的面發脾氣；關羽翻舊帳，覺得自己正確，對老闆充滿了埋怨；糜芳猜忌他人，和同事不團結，在老闆面前說壞話。

　　請記住，這些行為都會讓你在職場減分：

　　A. 情緒化，不考慮實際

　　B. 當著老闆的面發脾氣

　　C. 翻舊帳，埋怨老闆

　　D. 猜忌他人，懷疑同事

　　E. 在主管面前說別人壞話

　　你自以為的「真心意見」，其實在主管看來，都是無益行為，甚至適得其反。

　　老闆真正需要的是什麼？不是牢騷抱怨，而是切實解決問題！

　　反觀趙雲，他沒有出現，而是幫老闆解決問題去了，於危急時刻去救劉老闆的兒子，這才是老闆需要的。

所以，後來劉備讓趙雲當他的貼身侍衛，非常信任，一直到幾十年後，趙雲在蜀國的地位都極高。

請記住：一個合格的下屬，是要能幫老闆解決問題。

## 上中下策：分層次給出不同的建議

在眾多同事中，諸葛亮做得怎麼樣呢？

他做得比其他員工都多，在危機爆發的前、中、後期，根據不同形勢，分層分級向上司提過各類建議，針對問題提出解決方法。

怎樣提建議叫做「分層分級」？

比如，一個消防隊員，對於「火災」這個問題，可能有三種提議：

- 上策：防火，加強日常安全檢查，提前做好措施。
- 中策：滅火，使用小型滅火器，在火勢有苗頭時，迅速撲滅。
- 下策：救火，組織人員搶救，面對熊熊火海，衝進現場救人。

上策看似稀鬆平常，卻是早就預判了形勢，未雨綢繆，是最佳策略。

中策雖說有點損失，但把問題苗頭儘早的遏制，還是可以控制的。

下策是問題已經嚴重了，採取緊急措施，投入大量資源，情緒激昂的做，還不一定能挽回損失。

諸葛亮也是這樣，向老闆提出了上、中、下策。

· 提前下手：在戰爭還未開打時，儘早拿下荊州這個策略要地。

· 遏制苗頭：在曹軍初到時，乘亂占據荊州的重要城池，獲得資源。

· 求救外援：無法抵擋曹軍，只能求助東吳孫權，請他抵擋曹操。

### ❖ 上策：提前下手

荊州這個地方被稱為「兵家必爭之地」，戰爭還沒開打，諸葛亮就提出儘早奪取荊州。

> 新野小縣，不可久居，近聞劉景升病在危篤，可乘此機會，取彼荊州為安身之地，庶可拒曹操也。

劉表因病大權旁落，曹操還沒打過來，是動手的最佳時機。

這時如果早做準備，代價會很小。但劉備沒有採納，策略機遇期錯過了。

諸葛亮也沒有埋怨上司，沒有情緒化，而是繼續提建議。

### ❖ 中策：遏制苗頭

問題的火苗已經產生，但還在初級階段。

此時，曹軍主力已殺向荊州。

這時，要去硬碰硬的奪荊州是來不及了，但去取周圍的襄陽城和江陵城，控制幾個策略要地，還是來得及的。

所以諸葛亮提了中策，奪取襄陽城。

可速棄樊城，取襄陽暫歇。

還有奪取江陵城、夏口城。

江陵乃荊州要地，不如先取江陵為家……夏口城險，頗有錢糧，可以久守。

對於中策，劉備及時採納了。先後奔赴了襄陽、江陵、夏口，在一定程度上遏制住了事態發展。

但由於實力差距懸殊，劉備只拿下了部分的城池。

中策不夠，便只有靠下策來補。

### ❖ 下策：求助外援

在自身力量不夠時，諸葛亮又提出了下策，求救於東吳集團的孫權。

曹操勢大，急難抵敵，不如往投東吳孫權，以為應援。

之所以這是下策，是因為把主動權交給了別人，劉備自己成了從屬地位，從長遠來看弊端較大。

但下策是最能救急的，先解了眼前之困再說。

而且諸葛亮不僅提出建議，還主動承擔任務，願意去遊說東吳孫權。

> 亮借一帆風，直至江東，憑三寸不爛之舌，說南北兩軍互相吞併。

你看，這就是老闆需要的好下屬：不僅提建議，而且自己去落實執行，讓老闆省心、放心。這樣的下屬誰不喜歡啊？

學習諸葛亮的這些做法，可以讓你在職場上加分。

- 根據不同情況，分層分級提出建議。
- 不情緒化，不埋怨，始終就事論事。
- 主動攬下任務，替老闆去落實執行。

其中最值得學習的，是諸葛亮的上、中、下策。這種提建議的方式，我們來做些更深入的分析。

## 上司盲點：身在局中難以看清問題

在此，我們先考慮一個問題：為什麼劉備沒有採用上策，而是採用了中策和下策？

其實，上司在工作中也會有盲點，所謂「當局者迷，旁觀者清」。

這其實是一個普遍現象：問題早有苗頭，當事人卻不在意，乃至嚴重了，才引起重視。

中國古代有個「神醫扁鵲」的故事就是最佳例證（《鶡冠子·卷下·世賢第十六》）。

> 魏文侯問曰：「子昆弟三人其孰最善為醫？」扁鵲曰：「長兄最善，中兄次之，扁鵲最為下。」魏文侯曰：「可得聞邪？」扁鵲曰：「長兄於病視神，未有形而除之，故名不出於家。中兄治病，其在毫毛，故名不出於閭。若扁鵲者，鑱血脈，投毒藥，割肌膚，閒而名出聞於諸侯。」

魏文侯問神醫扁鵲：「你家有三兄弟，誰的醫術最高明呢？」

扁鵲說：「我大哥最高明，二哥次之，我是最差的。」

魏文侯說：「可是為什麼你的名氣最大？卻沒聽說過你兩個哥哥啊。」

扁鵲說：「那是因為，我大哥在人還沒發病時，就早早的化解了風險，反而不被人們重視；我二哥在人剛發病時，就及早的解決了問題，他的名聲稍微大一點；而我在別人發病嚴重時，用各種藥物、手術、診斷，大動干戈，反而最受人們重視。」

你看，神醫扁鵲的三兄弟，就是治病的上中下策。

· **上策**：還沒發病，就早早化解了。

· **中策**：剛有問題，儘早的解決了。

· **下策**：發病嚴重，大動干戈，治療很久。

大多數人不能預判未來，只有出現了問題才去想辦法解決，這是人的共性。

作為上司，劉備也是人，他沒有預計到曹操來得那麼快，也沒有預料到荊州會很快陷入大亂，所以，諸葛亮的上策，對於他來說，並無緊迫性。

即使如劉備、諸葛亮這樣的「上下級典範」，在工作溝通中也同樣存在預判的失誤。何況我們尋常的職場人士呢？就更不可能預測精準了。

因此，作為下屬，我們對老闆的預期也不要太高，他也是有視野盲區的。你提的建議雖然好，但未必是應時之需，被擱置也是正常的。

這時，最考驗人的就不是智力，而是心態了。

下屬能否處理好情緒，有時比事實本身還更重要。

有的人情緒就很糟糕，覺得老闆是不是傻啊？哼，為什麼早不聽我的？早聽我的還會搞成今天這樣嗎？比如像關羽，就跟老闆翻舊帳，一副盛氣凌人的樣子（「若從羽言，可無今日之困！」）── 其實老闆心裡何嘗不知自己的失誤？只是不好承認罷了，要點面子。而你卻要當面責難他，讓他沒有面子，這筆帳就把你記上了。

有的人就有耐心，能管理好自己情緒。比如諸葛亮，他向劉老闆提出的都是客觀事實和建設性的提議，從不發洩情緒。

劉老闆如果不聽，他就先不提了（「且再作商議」），下次換個角度討論，每次都就事論事。他謹記自己的職責就是「幫助老闆解決問題」。

那麼有人會問：我就不提「上策」，省得麻煩不是更好嗎？反正主管很難採納，等到事態嚴重了，我再提一些臨時救急的「下策」，不是更能立竿見影嗎？

這也不對。上策一定要提，且及早提，認真提。

中國有句古話，叫「取法乎上，得乎其中，取法乎中，得乎其下」：定一個上等目標，得到的往往是中等結果；定一個中等目標，得到的往往是下等結果。所以，早早的提出上策，這是盡到你自己的責任，而老闆是否採納，那是他的事情。

## 千年規律：《漢書》、《新唐書》中的做法

「提三個建議」這個做法，在歷史上千年不衰。

漢朝、唐朝的名臣，都這樣對上司做過簡報。

### ❖《漢書》

比如，《漢書》中記錄了一段歷史，話說西漢後期，黃河泛濫，災患嚴重，漢哀帝下旨徵求良策。大臣賈讓上書，就提出了三個建議：上、中、下策。

· **上策**：從根本上解決水患，不與水爭地，針對黃河原河道的積弊，提出人工改道，引流入海，但它耗費極大，要提

早做數年籌備。

- **中策**：開渠引水，進行分洪，在下游設置滯洪區，分攤壓力，把水患分解為若干塊，再對洪水加以利用，但這需要各州縣的配合。

- **下策**：搶時間，哪裡決口就補哪裡，到處堵水，只要維持住不潰決就行。

❖《新唐書》

再比如，《新唐書》中記錄了隋朝末年，楊玄感起兵造反，他的軍師李密為他出謀劃策，也提出上、中、下策。

李密給出了三個計策。

- **上策**：直接襲擊隋煬帝，和高麗國一起，在遼東把他消滅，皇帝就此完蛋，隋朝也就分崩離析了。

- **中策**：奪取關中的長安城，這裡易守難攻，一旦拿下，敵軍就拿我們沒辦法。

- **下策**：打最近的城池，東都洛陽，但是它防務堅固，有可能長時間攻不下來。

請記住古人們的這個技巧，向老闆提建議時，列舉多個──通常來說，三個最合適。

## 優勢好處：「三個建議」為什麼好

為什麼提建議給上司都是「三個」好呢？

這至少有三個好處。

- **有對比優勢**：三個建議能產生對比，有參照，孰優孰劣，更容易比較，有利於上司做明確的定位。
- **讓上司來選**：如果你只提一個建議，上司是同意還是不同意呢？他很被動。而有三個建議讓他選，他就掌握了主動權，心理感知度更佳。
- **展現自己智慧**：你只提一個的話，思路太狹隘了，不夠展示自己的廣度，提三個就有多種可能，讓上司看到你的思考。

這三個好處都可以歸結為一個效果 —— 它解決了下屬的「先天認知缺陷」的問題。

什麼是「先天認知缺陷」？

在職場中，由於職位的差異，上下級的資訊量是不對稱的：你認為最重要的，在上司眼裡可能並不重要；上司重點關注的，可能你壓根沒考慮到。

這是一個極大的問題點。

這個問題點是由級別、職位所決定的，所以被稱為「先天認知缺陷」。

對於上司來說，他職位高，能掌握全局情況，一定比你知道得更多。而你職位低，只侷限在自己那一小塊，怎麼可能了解更多？試想，你只是一個市場部的業務員，能清楚整個公司

的經營狀況嗎？你只是財務部的小會計，能知道市場上的最新行情嗎？幾乎不太可能。而上司卻能全面了解到。

所以，下屬提出的一個建議，常常會被上司批評「根本沒說到重點上」，或者說「我關心的根本不是這個」。這是職場中的常態。

那怎麼辦？你也無法站到老闆的高度思考。

唯一解決的方法就是：提三個（或多個）建議。

我不確定老闆關注哪個重點，那就把每個重點都考慮到，讓老闆自己選，這總可以吧？

三國時期，劉備的另一位助理，龐統就是這樣做的，得到了劉備的良好回應。

> 龐統曰：「某有三條計策，請主公自擇而行。」玄德問：「哪三條計？」統曰：「只今便選精兵，晝夜兼道徑襲成都：此為上計。楊懷、高沛乃蜀中名將，各仗強兵拒守關隘；今主公佯以回荊州為名，二將聞知，必來相送；就送行處，擒而殺之，奪了關隘，先取涪城，然後卻向成都：此中計也。退還白帝，連夜回荊州，徐圖進取：此為下計。若沉吟不去，將至大困，不可救矣。」

龐統提出了上、中、下策三個建議。

- **上策**：暗中派精兵強將，日夜行軍，進攻成都（益州），劉璋還沒有防備，此時偷襲是最佳時機。
- **中策**：劉璋手下的大將楊懷、高沛握有實權，劉備可藉口

荊州有急事要回程，藉此召見他倆，趁機除去二人，令劉璋實力大減。

・ **下策**：充分準備，退回白帝城，等待蜀中動亂的時機。

最後，劉備用了哪一個？他否決了上策、下策，用了中策。

龐統作為執行者，只能從軍事角度排序，上策效率最高，出奇制勝。

而劉備作為整個團隊的領頭人，軍事只是一部分，他更要考慮蜀中的人心、政治聲望、穩定的局勢，所以對劉備來說，軍事上勝利太快未必是好事。最好是中策的「幹掉對手的主力，卻又不立刻占領」，替自己減輕壓力、延長時間，平衡了軍事、政治、經濟三方面。

請記住：不同層級的人，看問題的重點不同。但沒有關係，下屬把能想的全都想到，從多個角度給出建議，分為上、中、下策，讓上司自行選擇。

---

### 職場實踐：提「三個建議」的範本

既然是建議，就總有有利的一面，也有不利的一面。做全方位的說明，把各個要點都考慮周全，這就是盡了下屬最大的責任。至於選擇權，就交給上司好了。

可以按照這個範本來表述「三個建議」。

上策是：_____

它的優點是：_____ 但缺點是：_____

---

**中策是：**_____

它的優點是：_____ 但缺點是：_____

**下策是：**_____

它的優點是：_____ 但缺點是：_____

老闆，請您斟酌考慮！（潛臺詞是：我能想到的都在這裡了。）

# 第二章

## 換位思考：橫看成嶺側成峰，換個姿勢更輕鬆

溝通不暢，往往是因為沒從對方角度考慮。試著換位思考，從不同角度切入，就會豁然開朗。總是一個姿勢想問題太累，換個姿勢或許更輕鬆呢。

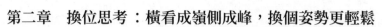

# 一、看清邏輯前提，一分鐘改變上司

## 兩種結局：孔融被殺，文聘受獎

在三國歷史上，有兩個典型下屬，他們惹怒了同一個老闆 —— 曹操。

他們是孔融和文聘，一個被殺了，一個提拔了，結局截然不同。

孔融到死都沒明白，他勸阻老闆的計畫，為何引發老闆那麼大怒火？

文聘一生卻很順利，他很不給老闆面子，為何卻受到嘉獎？

### ❖ 孔融的例子

西元 208 年的秋天，河南許昌，著名的文學家、「建安七子」之一的孔融被下獄，滿門抄斬。

這是一個「下屬勸上司」的失敗案例。

太中大夫孔融諫曰：「劉備、劉表皆漢室宗親，不可輕伐；孫權虎踞六郡，且有大江之險，亦不易取，今丞相興此無義之師，恐失天下之望。」操怒曰：「劉備、劉表、孫權皆逆命之臣，豈容不討！」遂叱退孔融，下令：「如有再諫者，必斬。」

曹操發兵五十萬，準備攻打南方荊州，消滅劉備、劉表、孫權等勢力。

孔融勸阻說：「曹老闆，您不能舉大兵南下啊。劉備、劉表都是皇帝的親戚，不能隨便去討伐；孫權則依靠長江天險，地盤很大，也不容易討伐。您這樣硬要去打，就是興無義之師，恐怕會讓全天下人失望！」

曹操聽後，就怒了：「誰說劉備、劉表、孫權不能討伐？他們都是違抗天子旨意的逆臣，我當然可以討伐！」

下屬表達失敗，成了上司殺他的導火線。

要知道，當時曹操的地位，在全國已經是「一人之下，萬人之上」了。雖說還是漢朝的天下，可是漢獻帝軟弱無權，被曹操牢牢控制。所謂「挾天子以令諸侯」，曹操正是打著天子的旗號，收拾那些不聽話的諸侯，比如，劉備這樣拒絕投降之人。

曹操在發兵前殺掉孔融，告訴人們：反對他的人不會有好下場！

一時間，朝野上下，噤若寒蟬。

然而，很快又發生了一件事。

### ❖ 文聘的例子

攻下荊州後不久，曹操命令當地所有員工都來參見自己，那意思是：我現在是你們的新老闆了，需要有個見面儀式！

點名時，發現少了一名員工，叫文聘，竟不肯來參加，這觸怒了曹操。

諸將中卻獨不見文聘。操使人尋問，方才來見。操曰：「汝來何遲？」對曰：「為人臣而不能使其主保全境土，心實悲慚，無顏早見耳。」言訖，欷歔流涕。操曰：「真忠臣也！」除江夏太守，賜爵關內侯，便教引軍開道。

所有員工都到了，只有文聘不來，曹操派人命令他來，他才姍姍來遲。

曹操很生氣：「文聘，為什麼就你一個人不肯來？來得那麼晚？」

文聘說：「我作為下屬，不能效忠於前老闆，沒能保住荊州。現在淪陷了，我非常慚愧，不想見任何人。」說著不禁哭起來。

瞧，這位員工，你是多麼不懂事！你拒絕和新老闆見面，還當著那麼多人的面懷念起前老闆來，這讓曹老闆的面子往哪裡擱？

在場的其他員工都在心裡打鼓：完了，完了，曹老闆又要殺人了……

豈料曹老闆很感動，竟然誇獎文聘：「你真是一位忠臣啊！」還讓他繼續駐守城池，並提拔晉升他，賞賜「關內侯」的爵位。

這是為何？大臣們都傻了。

曹操對待兩個下屬截然不同的態度，值得思索。

從兩個下屬的言辭中，能看出什麼邏輯嗎？

## 邏輯鏈：語言交流背後的模式

兩人的言辭，一個惹惱上司，一個打動上司，其實是因為邏輯鏈的不同。

在邏輯學上，有個著名的「三段論」法則。

人要得出一個結論時，其實需要經過以下三步：

1. 先在意識裡有一個預設前提
2. 然後針對目前發生的客觀事實
3. 做出事實與前提相一致的結論

人要滿足邏輯鏈的一致性，才能說服自己，不然就會產生認知混亂。如果前提不同，那麼針對同一個事實，會得出完全不同的結論。

### ❖ 孔融的例子

孔融和曹操，對於「攻打劉備」這個事實，兩人的前提是不同的：

孔融的前提 —— 劉備是漢室宗親，身分尊貴。

曹操的前提 —— 劉備是逆臣，因為不聽朝廷號令（曹操代表朝廷）。

那麼，他們所得出的結論就有天壤之別，如圖 2-1 和圖 2-2 所示。

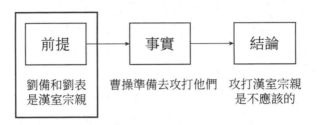

圖 2-1　孔融邏輯鏈

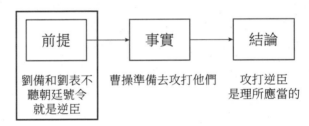

圖 2-2　曹操邏輯鏈

兩人的前提不一致，所以不可能說出同一個結論，衝突必然發生！

❖ 文聘的例子

我們再來看，「荊州員工」文聘為何受到曹操讚賞？因為他和曹操的前提是一致的，兩人前提都是「下屬應該忠於上司」。這種情況下，即使結論不同，也沒有太大關係，如圖 2-3 和圖 2-4 所示。

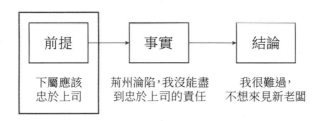

圖 2-3　文聘邏輯鏈

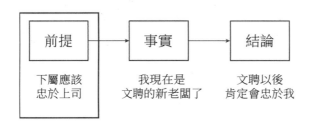

圖 2-4　曹操邏輯鏈

　　據此，你會發現，兩人的前提一致，他們只是針對不同的事實，推導出不同的結論。但因為前提一致，雙方有共同的邏輯基礎，所以沒有衝突。

　　這兩個案例給我們的啟發：

· 孔融失敗的啟示：如果你的前提和上司的前提不一致，就要小心了！

· 文聘成功的啟示：只要保持了前提一致，那麼針對不同事實，得出的不同結論，對方是容易接受的。

總之，一句話：在職場中，你要和上司保持前提一致，才能有共同的邏輯基礎，去做後面的改變。

## 失敗案例：諸葛亮也沒能說服劉備

　　職場達人諸葛亮，也不是每次都成功。

　　他也犯過「孔融式」的錯誤，沒能說服劉備。

　　來看看諸葛亮的一次失敗案例。

> 卻說玄德問孔明求拒曹兵之計。孔明曰：「新野小縣，不可久居，近聞劉景升病在危篤，可乘此機會，取彼荊州為安身之地，庶可拒曹操也。」玄德曰：「公言甚善。但備受景升之恩，安忍圖之！」孔明曰：「今若不取，後悔何及！」玄德曰：「吾寧死，不忍作負義之事。」

　　劉備問諸葛亮：「曹操大軍要來了，小亮，你有什麼良策嗎？」

　　諸葛亮說：「我們占據新野這個小縣城，資源匱乏，是待不長久的。最近聽說荊州集團的老闆劉表病危，我們可以乘此機會奪取荊州來作為安身之地，才能抵擋得住曹操。」

　　劉備說：「你說得有道理，可劉表是我的恩人，我怎忍心奪他的地盤？」

　　諸葛亮說：「如果現在不拿下荊州，馬上就被曹操攻占了，後悔莫及啊！」

劉備還是不同意：「那我寧願戰死，也不能做忘恩負義的事情。」

諸葛亮這次有些鬱悶，之前他做的方案計畫，劉老闆都很認同，這次卻被硬生生拒絕了。

為什麼？因為兩人的前提不一致。

諸葛亮從軍事角度，認為只有奪取大城市荊州，才能有效抵抗曹軍，這當然沒錯。因此，他的隱含前提是「奪得地盤就行，不考慮其他」。

但在劉備心裡，他的前提是要做「仁義之事」，如果奪取荊州是以「忘恩負義」為代價的話，那他寧願不要荊州。

兩人的前提不一致，所以針對同一件事「奪荊州」，得出不一樣的結論，如圖 2-5 和圖 2-6 所示。

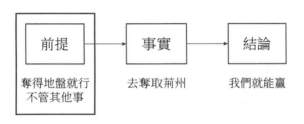

圖 2-5　諸葛亮邏輯鏈

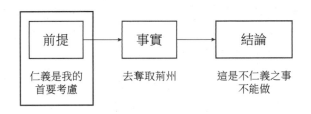

圖 2-6　劉備邏輯鏈

所以諸葛亮沒和老闆保持前提一致，他的建議被否決了。

這可如何是好？

曹操大軍已到，新野小城守不住了，劉備團隊只好緊急撤離。

一路上，百姓們也跟隨逃難，這一路可折磨慘了，拖家帶口，男女老幼，被曹軍追趕，哭聲不絕，倉皇逃命。

眼看著敵人馬上就要追到，怎麼辦？

諸葛亮心急如焚：唉，當初如能勸說成功，拿下荊州，何至於今天逃命。

咦，前方有一座城池 —— 襄陽城！它雖不如荊州大，但也是一座重鎮，只要占領下來，就可以抵擋曹軍。

諸葛亮心想：這次一定要勸說劉老闆，拿下襄陽城！

然而，劉備還是以同樣理由拒絕了：「什麼？你讓我去奪襄陽城？這也是恩人劉表的地盤，我怎能做一個沒有仁義的人呢？」

危急關頭，怎樣勸說？

## 說服模型：張遼如何改變關羽的想法

曹軍將至，須立刻做出決定。

諸葛亮心急如焚，一籌莫展。

該怎麼勸，上司才會接受我的建議？

既要以仁義為前提，又要去占領別人的城池，這二者是矛盾的，無法說服劉老闆。

資深員工關羽得知後，摸了摸長鬍子，對諸葛亮說：「有一個成功的案例，是我自己的故事，或許對你有啟發。當年我們被曹操追殺時，我戰敗被圍，曹操的部下張遼成功的說服了我，暫時投降。你知道嗎？」

關羽這麼一說，諸葛亮想起來一件流傳很廣的事：張遼勸降關羽。

當年，曹操還不是霸主，劉備也還沒來荊州，他們在北方就打過一架了 —— 曹操突襲劉備，劉備趁亂逃走，而他的屬下關羽被圍困，逃不出去了。

其實，曹操很欣賞關羽，並不想幹掉他，只是圍而不打，然後派部下張遼去勸降。張遼曾是關羽的老朋友，便騎馬來到營前，展開勸降。

但關羽呢，知道張遼的意圖，就直接拒絕了：「張遼老弟，你是來勸降我的吧？我現在雖身處絕境，但絕不投降曹操。我

要做個忠義之人，這樣戰死了，才對得起我大哥劉備！」

> 關公怒曰：「此言特說我也。吾今雖處絕地，視死如歸。汝當速去，吾即下山迎戰。」張遼大笑曰：「兄此言豈不為天下笑乎？」公曰：「吾仗忠義而死，安得為天下笑？」

你看，張遼還沒說話呢，關羽就義正詞嚴拒絕了。這可怎麼辦？

請觀察，這其中關羽的邏輯鏈是：

· 前提：做人要講忠義。
· 事實：我絕不投降，視死如歸。
· 結論：這樣才對得起我大哥劉備。

面對這個邏輯鏈，張遼要怎麼勸降呢？

要知道，張遼當年面對的難題，和諸葛亮今天面對的是一樣的：既要保證忠義的前提，又要投降敵人曹操，這二者是矛盾的，幾乎不可兼得。

在此，我們推出一個「說服模型」，是之前的「三段論」的升級，增加了一步，是如下的四步法。

第一步：保證和對方一致的前提，這是雙方能商量的基礎

第二步：擴大這個前提，使它的概念範圍更大

第三步：植入新的事實，該事實屬於擴大後的前提領域

第四步：得出新的結論

且看張遼是怎麼說服關羽的。

## ❖ 第一步：前提一致

張遼說：「對！關羽兄，我很認同你說的『忠義』，這是做人的原則。你忠於大哥劉備，就應該不負當年你們『桃園三結義』的誓言，你們還要一起匡扶漢室呢！」

豈不負當年之盟誓乎？

關羽聽張遼這麼一說，心裡放鬆了：看來你和我觀點一致嘛。

## ❖ 第二步：擴大前提

張遼接著說：「但是，你今天犧牲在這裡，就是忠義了嗎？這太狹隘了！更大的忠義是你要活著，才能替你大哥照顧好兩位嫂嫂，不然你死了，你兩位嫂嫂怎麼辦？這不是辜負了你大哥的重託嗎？」

關羽一聽：「對啊……我沒能保全兩位嫂嫂，也是對不起我大哥啊！」

張遼進一步擴大：「你只有活下來，才有機會和大哥見面，重新創業啊！留著性命，以後繼續為他打天下，這才是更大的忠

義啊！而不是你今天犧牲了，卻把兩位嫂嫂丟下不管，又辜負了大哥的重託，再也沒機會輔佐他！你這哪裡算是忠義之舉呢？」

> 劉使君以家眷付託於兄，兄今戰死，二夫人無所依賴，負卻使君依託之重。

關羽聽張遼這番話，心裡震動了一下：有道理啊……這才是更大的忠義，看來是我之前理解得太狹隘了。

### ❖ 第三步：植入新事實

張遼接著說：「所以，為了活下來照顧嫂嫂，重見大哥，你可以暫時投降曹操啊。然後一邊替曹操做事，一邊打聽劉備的消息，如果聯絡上了，你還是可以逃走的嘛！」

> 不若且降曹公，卻打聽劉使君音信，如知何處，即往投之。

關羽一聽，心想：也對啊……活下來是關鍵，暫時投降曹操，又不是一輩子都為他做事，以後我還是可以走的呀。

你看，之前他是大義凜然要赴死的，經過張遼這一番話，關羽變得沉默了，開始認同張遼的邏輯鏈了。

### ❖ 第四步：新結論

張遼說：「這樣的話，你就能做到三點忠義。一是能保全兩位嫂嫂，沒有讓她們失去依靠。二是還有機會見到大哥劉備，不辜負當年桃園結義的盟誓。三是你的才能可用來匡扶漢室，

安定天下，留名青史。這樣的忠義，不是比你今天犧牲更有價值嗎？」

一者可以保二夫人，二者不背桃園之約，三者可留有用之身。

至此，張遼的整個邏輯鏈完成，簡直是天衣無縫、滴水不漏啊！

關羽聽完之後，不由得頻頻點頭，完全被張遼說服了。

於是，關羽沒有戰死，而是投降了曹操，並為曹操出力。直到後來聽到劉備的音訊，關羽才離開曹營，一路護送兩位嫂嫂，去千里之外尋找大哥，有了「千里走單騎」、「古城相會」等經典故事。

關羽講完這個案例，諸葛亮恍然大悟：「原來張遼是用這個技巧說服你的，太值得我借鑑了！」

## 改變策略：諸葛亮成功影響了上司

諸葛亮也使用了「說服模型」四步法，勸劉備奪取襄陽城。

我們來整理一下。之前，諸葛亮的「奪襄陽城」建議失敗，是因為劉備的邏輯鏈是這樣的：

· 前提：仁義是我的首要考慮。

· 事實：去奪取恩人劉表的地盤「襄陽城」。

· 結論：這是不仁義的事，我不能做。

諸葛亮接下來要勸說劉備改變這個決定，按照「說服模型」的技巧，應該是這樣做。

第一步：前提一致

劉老闆，您要保持仁義，我很贊同這個前提！

第二步：擴大前提

但是，劉老闆，仁義不僅僅是「不搶奪恩人地盤」，更是要保護百姓，抗擊敵軍，讓人民免遭生靈塗炭。您是要對得起劉表一個人呢，還是要對得起千千萬萬的百姓？

第三步：植入新事實

只有先占領了襄陽城，抵抗住曹軍，才能保護好這千千萬萬的百姓。

第四步：新結論

對得起千萬百姓，而不僅是一個劉表，這才是更大的仁義啊！

你看，諸葛亮的邏輯鏈完成了，也是滴水不漏啊！

聽完這番話之後，劉備茅塞頓開，如醍醐灌頂！

對啊，小亮你說得太有道理了。就照你說的辦，我們立即進軍襄陽，拿下城池，抗擊曹軍！

其實要說服老闆並不難，關鍵在於找對方法。

透過巧妙的說服手段，管理好上司的邏輯推演，讓他跟著你的邏輯走。諸葛亮的方法，值得職場人士借鑑！

> **職場實踐：邏輯鏈**「四步法」範例
>
> 邏輯鏈的說服「四步法」，為大家提供一套說辭範例，以供參考。
>
> **第一步：前提一致**
>
> 您覺得應該是 _____ 吧？對，我也覺得應該是這樣。
>
> **第二步：擴大前提**
>
> 但是，僅僅這樣 _____，是不夠的／未免狹窄了／還可以更好，如果能夠 _____ 那樣，才是更大的／更好的 _____。您覺得呢？
>
> **第三步：植入新事實**
>
> 那麼，如果另外的做法 _____。
>
> **第四步：新結論**
>
> 這樣才更符合 _____（擴大後的前提），不是嗎？

# 二、看清了價值觀，才能高效配合上司

## 勸諫無效：沒站在上司角度考慮

下屬們勸諫無效，往往是因為沒站在上司的角度，沒弄清楚上司的真正目的。

諸葛亮在早期就犯過這個錯誤。

他曾多次勸劉備奪取荊州：這是「兵家必爭之地」，曹操、孫權都想奪取，但鞭長莫及；而荊州之主劉表病入膏肓，

劉備正好乘虛而入。

但劉備卻一連三次拒絕了諸葛亮的提議。

第一次拒絕：「但荊州劉表、益州劉璋，皆漢室宗親，備安忍奪之？」

第二次拒絕：「景升（劉表）待我，恩禮交至，安忍乘其危而奪之？」

第三次拒絕：「備受景升（劉表）之恩，安忍圖之！」「吾寧死，不作負義之事。」

理由是同一個：荊州之主劉表是我的恩人，他當年收留過我，所以我不忍心奪取他的地盤。

諸葛亮只考慮了軍事效果，應該奪取；但劉備是一個政治家，他考慮的是人心聲譽，不該奪取。

前兩次，諸葛亮只顧著死勸，沒有換位思考。直到第三次，劉備放了狠話：「我寧願去死，也不做此忘恩負義之事！」諸葛亮才醒悟過來：原來是我錯了，觸犯了上司的核心價值觀啊！

當別人說「我就是死，都不去做這事」時，說明這件事與其價值觀相衝突，需要非常重視了。

## 關於 what：上司最關心什麼

上司最關心的問題，往往表現了其價值觀，只有弄清楚這個，下屬才能找到與之適配的目標，做出適當的行為。

可以從 what、why、how 三個方面來觀察。

先弄清楚 what：他的價值觀是什麼？

你會發現，劉備的三次回答都有一個核心理念：仁義。

凡是和「仁義」相違背的事，他都堅決不做，所以不肯篡奪荊州。

但價值觀這個東西短時間內不易被發現，如果上司沒有表述，怎麼能夠發現？

這裡，我們引入「人格金字塔」，由淺入深，發現價值觀。

圖 2-7　人格金字塔

· 能力：是最顯而易見的，日常中能看到。

· 性格：需要時間去體察，慢慢感覺出來。

· 價值觀：埋在意識的深層，平常不易發現，有決定性作用。

通常情況下，我們看一個人是有一個過程的：

首先，看到的是對方的外在能力。

其次，經過時間的磨合，了解了對方的性格。

最後，弄清楚對方真正關心什麼，發現其價值觀，這是埋在潛意識裡的，平常不一定表現出來。

根據這個模型，層層深入，可以畫出劉備的「人格金字塔」。

圖 2-8　劉備的人格金字塔

這三者是系統、連貫、統一的。

後來，劉備自己也說過一段話，顯示了價值觀確實如此。

> 備曰：「今指與吾為水火者，曹操也，操以急，吾以寬；操以暴，吾以仁；操以譎，吾以忠；每與操反，事乃可成耳。今以小故而失信義於天下者，吾所不取也。」

他說：「現在和我競爭的，就是曹操。我們兩個價值觀完全不同。曹操急躁，我寬和；曹操殘暴，我仁慈；曹操詭譎，我忠厚。價值觀是我的優勢所在，如果我為了一點小利益而失信於天下，那是得不償失的。」

弄清楚了 what，才找到了問題切入點。

# 關於 why：上司為什麼這樣想

然後，思考 why：為什麼在這個戰爭頻發、爾虞我詐的時代，劉備會秉持「仁義」的價值觀？

因為現實環境所致。

比較一下曹操、孫權、劉備三家公司的現實情況。

- **曹操**：財大氣粗，上市公司老闆，壟斷了整個北方市場（古代經濟重心在北方），天下三分有其二，把漢獻帝控制在手裡。他霸氣外露，不需要考慮別人感受，打著「挾天子以令諸侯」的旗幟，想滅誰就滅誰。

- **孫權**：家底殷實，是個富二代，靠著老爸留下的基業，有穩定的經濟收入，雖說不如曹操，但保住「一畝三分地」還是綽綽有餘的。誰如果侵犯東吳，他就堅決回擊，但沒興趣去搶別人地盤。

- **劉備**：連續創業者，沒錢、沒資源，競爭不過曹操和孫權。但他有一個優勢，被漢獻帝親封為「皇叔」，下過密旨讓劉備救他，擔當著匡扶漢室的責任——儘管這是一個虛名，但卻能打造口碑，這塊「無形招牌」是最大競爭力。

曹操、孫權擁有的是看得見的資源：土地、糧食、房子、官位、金錢……

劉備擁有的是看不見的資源：仁義道德、漢室宗親、正義的希望、未來的股份……所以，他必須毫不動搖的堅守「仁義」的價值觀，這是他的底牌。

## 關於 how：上司的表現有哪些

當弄清楚了 what、why 之後，再來看看 how：劉備基於自己的價值觀，是怎麼做的？

他的很多行為都印證了「仁義」。

- **三讓徐州**：早在爭奪北方市場時，有一位叫陶謙的老闆，就想把徐州集團讓給劉備，但劉備覺得，這樣白拿人家的資產，「人設」會崩塌，對粉絲們沒法交代，便堅決不要，有了「三讓徐州」的故事。

- **拒殺曹操**：劉備和曹操有一段合作期，關係不錯。兩人在外打獵時，關羽勸他趁機殺掉曹操，以絕後患，但劉備拒絕了：「這樣背後捅刀子的事，是不仁不義之舉，我絕不做。」

- **三顧茅廬**：劉備在荊州，聽說有高人「臥龍先生」，便有了「三顧茅廬」的故事，年近 50 歲了還去求見 20 多歲年輕人，態度極為誠懇，從此傳為佳話，成為熱門話題，塑造了他「禮賢下士」的仁者口碑。

- **不奪荊州**：劉備投靠了劉表，諸葛亮勸他趁機奪荊州，劉備否決了，理由是「劉表收留了我，我怎能搶他的地盤」，也是擔心毀掉自己的口碑。

- **為百姓哭**：被曹操大軍追殺，劉備在逃亡時，又不忍心拋棄老百姓，一定要帶著全城百姓一起走，還大哭了一場，說「因我一人，而害苦了人民」，恨不得跳河自殺。那場景深入人心，成為打造「皇叔」品牌最經典的一個案例！

要塑造一個品牌，成為經典，非常不易；但毀掉品牌卻很容易，隨便做錯一件事，使用者就會拋棄你。

劉備一直小心謹慎，維護自己的人物設定。

人物設定不能塌，不論內心真假，只要樹立了，就要一直保持下去。

他的行為與價值觀始終相配，表裡如一，數十年不變，這就是能成大事的原因啊！

## 迎刃而解：了解價值觀的前提下做改變

「原來你是這樣的劉備！」諸葛亮終於看懂了。

之前，因為他沒看懂，怎麼勸都沒效果。

現在，他明白上司所想，找到了解決方法。

## ❖ 取襄陽

不久，曹軍又殺來了。但這次，諸葛亮學聰明了，不再死勸，而是調整了策略：先尊重其價值觀，再做局部的改變。

孔明曰：「可速棄樊城，取襄陽暫歇。」玄德曰：「奈百姓相隨許久，安忍棄之？」孔明曰：「可令人遍告百姓：有願隨者同去，不願者留下。」先使雲長往江岸整頓船隻，令孫乾、簡雍在城中聲揚曰：「今曹兵將至，孤城不可久守，百姓願隨者，便同過江。」

諸葛亮說：「樊城太小，守不住，我們要趕緊逃到襄陽城，暫時停留。」

劉備說：「與百姓相處已久，怎麼忍心棄百姓而獨自逃走呢？」

諸葛亮開竅了，這樣勸說：「可以通告全城百姓，願意跟我們走的，就一起走，不願走的，就留下。」

劉備一聽：有道理啊！諸葛亮的勸諫終於符合我的價值觀了！於是派人全城廣播：「曹軍要打來了，父老鄉親們，願意走的話，就跟我們一起走吧！不願走的，就自行處理。」

你看，這符合了仁義之心，又不耽誤逃亡。

在這之後，諸葛亮沒有再和上司衝突，他能舉一反三了。

後來又發生了一件事：當劉備軍隊進襄陽城時，被攔在外面。城內分成兩派，一派拒絕劉備進入，一派歡迎劉備進入。

兩派打了起來，死傷慘重。

　　玄德曰：「本欲保民，反害民也！吾不願入襄陽！」

　　劉備嘆道：「唉，我本想保護百姓，卻沒想到現在弄得兩派內訌，這是害了老百姓啊，我不進襄陽城了！」

### ❖ 取江陵

　　眼看著大好機會又喪失，但這次諸葛亮沒有再勸，而是尊重上司的想法，做了調整。

　　孔明曰：「江陵乃荊州要地，不如先取江陵為家。」玄德曰：「正合吾心。」

　　諸葛亮說：「既然不想進襄陽，那就不進吧。我們先去江陵城，那裡也是要塞。」

　　這次，劉備很快就同意了：「我也這麼想。」

　　所以你看，為什麼諸葛亮能管理好上司的想法？那是因為他搞清楚了底層邏輯，問題就迎刃而解。

　　請記住：只有以價值觀為基礎，再做局部的調整，才能改變對方。

　　極具黑色幽默的是：後來曹操奪取了荊州，劉備這時從曹操手上搶荊州，一點也不客氣，和之前的態度大相逕庭。諸葛亮就特意問了原因。

孔明大笑曰：「當初亮勸主公取荊州，主公不聽，今日卻想耶？」

劉備的回答很值得尋味。

玄德曰：「前為景升（劉表）之地，故不忍取；今為曹操之地，理合取之。」

意思是：「之前荊州是劉表的地盤，我不能搶；如今荊州是曹操的地盤了，我去搶是合情合理的。」

你看，劉老闆哪裡是優柔寡斷呢？其實他心裡很清楚：奪好人劉表的荊州，就是違背仁義；而奪壞人曹操的荊州，卻是符合仁義的！

所以，我們做下屬的，要體察到老闆的心思。

## 助力上司：「舌戰群儒」品牌宣傳活動

弄清楚了老闆所想，諸葛亮的思路清晰了。

不久之後，劉備和孫權結盟，共同抗曹，兩家集團簽署「策略合作協議」。

諸葛亮作為（乙方）劉備集團代表，前往（甲方）東吳集團所在地。

以張昭為首的甲方主管們，輪番向諸葛亮提問，諸葛亮對答如流，上演了三國歷史著名的「舌戰群儒」故事。

這個故事被後世描繪得神乎其神，儼然成了一場辯論賽。

其實不然。試想，諸葛亮是去和甲方談合作的，怎敢駁斥他們？跪求都來不及呢，所以絕不是一場辯論賽。

　　其實，這是一場「劉皇叔品牌」宣傳活動。

　　諸葛亮真正的意圖，是向東吳的全體董事進行展示。

- · 我公司的品牌：劉皇叔。
- · 我公司的核心價值觀：誠信仁義。
- · 我公司的願景：打敗曹操，消滅漢賊。
- · 我公司的承諾：助您開拓市場，我們童叟無欺。
- · 我公司的成功案例：火燒博望坡、火燒新野城、不放棄一個百姓。
- · 我公司的條件：攻下荊州後，暫時借給我們，日後必還，請放心。

　　在乙方展示的過程中，甲方的股東們也在輪番提問：你們的產品品質怎樣？通路有哪些？市場占有率如何？怎麼競爭得過對手？……

　　諸葛亮所有的陳述，都是基於劉備公司的核心價值觀做出的回答。

❖【問題一】為什麼你們沒拿下荊州市場，而曹操就拿下了？

近聞劉豫州三顧先生於草廬之中，幸得先生，以為如魚得水，思欲席捲荊襄。今一旦以屬曹操，未審是何主見？

諸葛亮回答：我們為了保證「仁義」的口碑，講職業道德，劉表的荊州集團是我們的兄弟公司，所以我們不會趁亂奪取荊州市場，而曹操卻不講職業道德，所以他趁亂奪取。

我主劉豫州，不忍奪同宗之基業，故力辭之。

❖【問題二】為什麼你們丟了大量市場占比，節節敗退？

何先生自歸豫州，曹兵一出，棄甲拋戈，望風而竄。上不能報劉表以安庶民，下不能輔孤子而據疆土，乃棄新野，走樊城，敗當陽，奔夏口，無容身之地。是豫州既得先生之後，反不如其初也。

諸葛亮回答：因為我們核心價值觀是「仁義」，所以寧願丟失市場，損失利潤，也不忍拋棄一個客戶，無論老幼，我們與客戶同在。

豫州見有數十萬赴義之民扶老攜幼相隨，不忍棄之，日行十里，不思進取江陵，甘與同敗，此亦大仁大義也。

### ❖【問題三】曹操集團財大氣粗，規模龐大，你們這種小公司，沒錢沒資源，怎麼敢去抗衡人家？

今曹公已有天下三分之二，人皆歸心，劉豫州不識天時，強欲與爭，正如以卵擊石，安得不敗乎？

諸葛亮回答：我們雖然小，但始終堅守「仁義」品牌，誠信對待每個客戶；曹操公司雖大，卻為了上市搶錢，不講職業道德，還篡奪原公司資產，這種觀念不正的公司，不該被消費者所唾棄嗎？

劉豫州以數千仁義之師，安能敵百萬殘暴之眾？……今曹操祖宗叨食漢祿，不思報效，反懷篡逆之心，天下之所共憤！

### ❖【問題四】曹操是知名企業老闆，劉備是草根創業者，憑什麼跟人家競爭？

曹操雖挾天子以令諸侯，猶是相國曹參之後。劉豫州雖云中山靖王苗裔，卻無可稽考，眼見只是織席販屨之夫耳，何足與曹操抗衡哉？

諸葛亮回答：曹操曾是漢朝公司的員工，卻篡奪原公司資產，據為己有，這種人的價值觀是錯誤的！而我們劉老闆，出身名門，是由國家頒發過勛章的，得到了中央的法律認可，價值觀一直正確而堅定！

曹操既為曹相國之後，則世為漢臣矣；今乃專權肆橫，欺凌君父，是不唯無君，亦且蔑祖，不唯漢室之亂臣，亦曹氏之賊子也。劉豫州堂堂帝冑，當今皇帝，按譜賜爵，何云無可稽考？

在這場「品牌價值」宣傳會上，諸葛亮侃侃而談，展現了絕佳口才，不卑不亢的宣揚了公司的價值觀，打擊了競爭對手的價值觀，完美的配合了上司的理念。

---

### 職場實踐：一步步挖掘上司所想

弄清楚上司真正想要什麼，這很關鍵，不然就會失之毫釐，差之千里。在此提供一個思考的範例給大家，包含一些關鍵要素，可作為參考。

第一步，what：上司的言辭裡有哪些關鍵字？有哪些事他堅決不做？哪些事他一定要做？他經常提到的理念是什麼？這是不是其核心價值觀？

第二步，why：為什麼上司會那樣想？是由什麼現實情況所影響的？這樣做對他最有利嗎？如果我是他，是否有同樣的選擇？

第三步，how：上司日常的行為是否配合其價值觀？他確實這樣想並這樣做的嗎？能否找到足夠的行為證據支持？

如果這三步「理念 —— 現實 —— 行為」都一致，那這就是上司真正關心的東西。

然後，你以此為依據做事，基本上都能符合上司所想了。

---

# 三、人性規律一樣，巧用腦，科學說服

## 糾結心理：大老闆孫權正舉棋不定

在工作中，下屬常常面臨一個難題：我要說服老闆做某個決策，但表達時缺乏影響力，難以打動老闆，溝通效果不佳。

這方面，諸葛亮太值得我們學習了。他隻身一人，前往東吳集團，憑三寸不爛之舌，說服了大老闆孫權，與劉備聯手抗曹。

他是怎麼做到的呢？

話說當時，曹操五十萬大軍南下，孫權猶豫不決：是該反擊，還是投降？

大臣們議論紛紛，主戰派和主降派幾乎各半。有的認為應該聯合劉備集團，共同抗曹；有的認為投降更好，接受曹操併購，一起上市搶錢，何樂而不為？

孫老闆搖擺不定，他知道這個決定會影響到幾十萬員工的切身利益。

從內心來說，孫權不想被收購，畢竟這是從他父親、哥哥手裡接管的家業；但從現實來講，孫權實力弱於曹操，如果競爭慘敗，最後連被收購的資格都沒有。

人之所以糾結，是因為兩個選擇各有優勢，差不多，才難選。

諸葛亮和東吳的主戰派代表魯肅，兩人商量出一套「說服術」，用科學的方法影響上司的決策。

## 三位一體：諸葛亮也懂人腦科學

　　他們的「說服技巧」，竟然與人類大腦結構不謀而合。

　　也許他們也沒意識到，但確實遵循了現代科學理論——「本能驅動——情感激發——邏輯分析」三階段法則。

　　這個法則值得在職場中應用，先來看看其理論模型。

　　1960 年代，神經學科學家保羅‧麥克萊恩（Paul D. MacLean）提出了「三腦一體」理論（Triune Brain），人類大腦由三部分組成。

・【本能腦】爬行動物腦（Reptilian brain），最早產生。

・【情緒腦】古哺乳動物腦（Paleomammalian brain），中期演化。

・【理性腦】新哺乳動物腦（Neomammalian brain），後期演化。

　　這三個部分，其實就是生物大腦的進化順序。

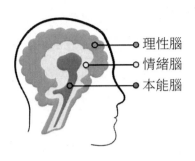

圖 2-9　人類大腦

· 爬行動物腦也叫「蜥蜴腦」：顧名思義，它是在遠古時期低等動物腦中出現的。這部分控制著人最本能的行為：趨利、避害、進食、排泄、繁殖，就和蜥蜴、蛇、鱷魚等爬行動物一樣，只有原始本能。

· 古哺乳動物腦也叫邊緣系統：它是進化早期的哺乳動物大腦。它控制著人的情緒、記憶，有了喜悅、憤怒、興奮、恐懼、悲傷各種情緒，以及對所經歷事件的記憶，這也是狗、貓、大象、老虎等哺乳動物所具有的。

· 新哺乳動物腦又稱新皮質：它出現於靈長類動物的大腦裡，成熟於人類大腦中。它控制人的邏輯思維、抽象能力、運算能力、推理能力等，是理性的產物，這是人類所特有而其他動物沒有的功能。

越是原始的功能，被激發時反應越快；越是後期演化的功能，被激發時反應越慢。

比如，有一個香噴噴的蛋糕擺在你面前，人的大腦反應順序是這樣的。

第一步，本能：香噴噴，勾起了食慾，想吃！

第二步，情感：這麼漂亮，仔細看看，好可愛，喜歡得不得了！

第三步，理性：我已經胖成豬了，不能再吃了。

再比如，你和朋友在高速公路上飛馳，突然撞車了！劇烈的撞擊下，你受到驚嚇，大腦反應順序是這樣的。

第一步，本能：發出驚叫，手擋住頭，身體瞬間防禦，保護脆弱部位。

第二步，情感：我會不會死，好害怕；我朋友如果死了，我也會很難過。

第三步，理性：目前情況怎樣？趕緊檢查車子是否燃燒、身體受傷程度、前後方車輛情況、我們能否自行移動、警示牌需要取出……

這是所有人類的本性，大腦的反應規律是一致的。

所以，面對上司，完全可以根據這三個步驟「訂製」一套說服術，管理好他的大腦反應。

且看諸葛亮、魯肅二人的實施步驟。

# 本能需求：首先刺激趨利避害的本能腦

魯肅和諸葛亮，一個是東吳集團的代表，一個是劉備集團的代表，組成了「說服天團」，共同展開「說服孫權」的行動。

第一步，魯肅出場，從「趨利避害」的本能反應角度展開第一輪勸說，告訴孫權將會失去什麼。

> 肅曰：「眾人皆可降曹操，唯將軍不可降曹操。」權曰：「何以言之？」肅曰：「如肅等降操，當以肅還鄉黨，累官故不失州郡也；將軍降操，欲安所歸乎？位不過封侯，車不過一乘，騎不過一匹，從不過數人，豈得南面稱孤哉！眾人之意，各自為己，不可聽也。將軍宜早定大計。」

魯肅說：「其他人都可以投降，只有孫老闆您不能投降啊！」

孫權反問：「為什麼？」

魯肅說：「我們這些下屬，如果投降了，無非就是免職，回家當個土財主啊；或者我們當一個小官，也不錯。可是您孫老闆，堂堂的東吳大王，已經是一人之下、萬人之上了，投降後，被安置在哪裡呢？」

孫權一聽，有道理啊！

魯肅繼續說：「到時候，肯定要削掉您的權力，限制您的車馬、僕從數量，怕您坐大，威脅到上面。」

孫權一聽，心都涼了。

魯肅說：「您現在已經是東吳大王了。但投降後，您會被封王嗎？曹操自己也才是王（魏王），頂多替您封個侯（吳侯）就不錯了，級別一定會降低。哪裡能像您現在這樣，做一個真正的大王呢？」

孫權點點頭：「魯肅，你說得很對啊！」

魯肅這一番話，其實是給了孫權兩個選擇。

　A. 不投降，你還有機會，做一個真正的大王

　B. 投降，你會失去權力，級別比現在更低

換你，你會選擇哪個？

A 是得到，B 是失去。

正常人都會選 A，不會去選 B。

這是經濟學上的「損失厭惡」心理。

所以，科學的說服策略是：強調 A 選項（你希望對方選擇的）會有收益，強調 B 選項（你不希望對方選的）會有損失。對方就會被你引導去選 A。

但請記住，這只是策略而已。

事實真是如此嗎？未必。

如果讓一個投降派來勸孫權呢？他可能就會換個說法。

　A. 不投降：就引發大戰，輸了會全部被殺，孫老
　　　闆徹底破產

B. 投降：避免了戰爭，對方也不用大動干戈，孫
老闆會受到優厚對待

你看，如果下屬這樣勸說上司，孫權多半會選 B 了。

所以，下屬的表達方式和側重點會影響上司的決策。

魯肅透過第一輪說服，強化了抗曹的好處、投降的壞處，引導著孫權在本能「趨利避害」上做決定。這是成功的第一步，且看接下來第二步。

## 情緒體驗：然後激發喜怒哀樂的情感腦

第二步，是激發大腦的情感。輪到諸葛亮登場了。

魯肅介紹道：「孫老闆，劉備那邊派來的特使諸葛亮，已在門外等候。他們是和曹操打過的，更熟悉敵情，不如請他來講講？」

孫權說：「好啊，快請進來。」

諸葛亮在進門之前，就已經準備好了。

孔明暗思：「此人（孫權）相貌非常，只可激，不可說。等他問時，用言激之便了。」

諸葛亮心想：對於孫權，我只能先刺激他的情感，用激將法。

緊接著，魯肅之後，諸葛亮上場，表演「激發情緒」。

> 孔明曰：「……願將軍（孫權）量力而處之：若能以吳、越之眾，與中國抗衡，不如早與之絕；若其不能，何不從眾謀士之論，按兵束甲，北面而事之？」權未及答。孔明又曰：「將軍外託服從之名，內懷疑貳之見，事急而不斷，禍至無日矣！」
>
> 權曰：「誠如君言，劉豫州何不降操？」孔明曰：「昔田橫，齊之壯士耳，猶守義不辱。況劉豫州王室之冑，英才蓋世，眾士仰慕。事之不濟，此乃天也。又安能屈處人下乎！」孫權聽了此言，不覺勃然變色。

諸葛亮說：「孫老闆，希望您量力而行啊，如果真打不過，何不聽從文臣們的建議呢？直接投降好了，向曹操稱臣。」

孫權一聽，不太高興，心想：剛見面，你就說這種話？

還沒等孫權答話，諸葛亮又說：「孫老闆，您這樣猶豫，下不了決心，其實損失會更嚴重，不如早投降。」

孫權有些急了，反問：「那你家劉備為什麼不投降？」

諸葛亮笑道：「我們家劉老闆是『皇叔』，漢朝皇室的身分，有著高貴的血統，被天下人仰慕，哪怕打不贏，也不能卑躬屈膝啊！我們可不是那種去跪舔曹賊的人！」

孫權聽到這裡，臉色就變了，非常生氣，心想：你這意思，不就是瞧不起我嗎？你們有身分、高貴血統不投降，卻叫我去投降？我東吳難道低人一等？

你看，諸葛亮的「激發情緒」非常奏效。

孫權情緒上湧，義憤填膺的表態道：「我東吳有十萬將士，廣闊的土地，怎能拱手讓人？我要和曹賊開戰！絕不投降！」

　　人在情緒波動時，很容易立刻做出決定。無論哪一種情緒，憤怒、自豪、喜悅、嫉妒……只要引發了「情緒腦」，決策行為就產生了。

　　諸葛亮很好的完成了這第二步。

## 理性分析：最後引導邏輯思考的理性腦

　　當然了，情緒來得快，去得也快。

　　緊接著要實施第三步，也是最重要的一步：理性分析。

　　孫權回到後堂，冷靜下來：我有足夠實力嗎？能打贏曹操嗎？剛才我說的是氣話，可是我竟然說出口了……

　　這時魯肅又進來說：「孫老闆別生氣，諸葛亮還有客觀事實沒分析呢。」

　　便又把孫權請出來，諸葛亮展開了第三步說服：引導邏輯思考。

　　數巡之後，權曰：「……然豫州新敗之後，安能抗此難乎？」孔明曰：「豫州雖新敗，然關雲長猶率精兵萬人；劉琦領江夏戰士，亦不下萬人。曹操之眾，遠來疲憊；近追豫州，輕騎一日夜行三百里，此所謂強弩之末，勢不能穿魯縞者也。且北方之人，不習水戰。荊州士民附操者，迫於勢耳，非本心也。今將軍誠能與豫州協力同心，破曹軍必矣。操軍破，必北還，則荊、吳之勢

強，而鼎足之形成矣。成敗之機，在於今日。唯將軍裁之。」權大悅曰：「先生之言，頓開茅塞。吾意已決，更無他疑。即日商議起兵，共滅曹操！」

這一次，大家才開始理性的討論問題。

孫權問：「劉備剛吃了敗仗，曹操已經奪取荊州要地了，我們合作能打得贏嗎？你們的實際能力如何？」

諸葛亮擺事實、講道理：「孫老闆您看啊，我來分析一下客觀情況。我們雖然吃了敗仗，那是因為不忍奪恩人劉表的地盤，但我們的實力還保存著呢，關羽率領精兵上萬，劉琦在江夏還有精兵上萬，隨時都能參戰。」

孫權聽了，心裡有些寬慰：這還不錯。

諸葛亮繼續分析道：「再看敵軍的情況：曹操雖然人數多，但客觀來講，他們從北方遠道而來，非常疲憊，白天黑夜急行軍，已是強弩之末了。而且，有一個現實問題：北方士兵不熟水性，咱們南方士兵在水戰方面很有優勢。最後，荊州這個地方雖被曹操占領，可是民心不穩，隨時都可能爆發反叛，曹操的後院是很容易起火的。」

孫權聽諸葛亮這麼一分析，覺得有道理啊！

你看，到這第三步時，諸葛亮不再有情緒上的渲染，而是全在說理，擺出客觀的事實，層層遞進，抽絲剝繭，做了敵我雙方的態勢分析。

諸葛亮最後還做了一個科學推理：「如果孫老闆、劉老闆聯手，打敗曹操。到時候，北方勢力消減，荊州劉表勢力已是一盤散沙了，南方僅存的最大勢力是誰呢？就是您孫老闆啊！與曹操形成鼎足之勢，從此您坐穩了江東！」

孫權被說動了，不由得站起身來，朗聲說道：「好！諸葛先生一言，讓我茅塞頓開！我決定了，共同抗曹！」

諸葛亮和魯肅，共同使用「本能 —— 情感 —— 理性」的三步驟策略，完成了這次對上司孫權的說服戰術。

## 再次強化：周瑜使用了同樣的方法

然而，幾天之後，投降派並不作罷，很快又再次勸說孫權。

投降派代表張昭就說：「孫老闆，您這是中了諸葛亮的計啊！他們就是因為吃了敗仗，所以來借我們東吳的兵力，這是在利用我們啊！」

孫權低頭不語，又開始猶豫起來。

等張昭走了後，主戰派的魯肅也進來勸：「孫老闆，千萬別聽張昭唆使。他只是為了保全自己的家產，所以想投降。您不能被他牽著鼻子走啊！」

孫權更加混亂了，說：「你們都退下，讓我自己靜一靜。」

朝堂之上，下屬們議論紛紛，吵成了一團。

孫權在後宮也是寢食難安，翻來覆去的想，搖擺不定。這時，他的母親吳國太來了。

還是媽媽懂兒子的心，說了一句話：周瑜才是東吳的關鍵人物啊！他是東吳的最高軍事長官，憑藉長江天險，據守江東，尤其擅長水戰。他的意見最重要，你不如向他諮詢？

　　周瑜這個人也是年輕有為，僅僅比諸葛亮大五歲，就做到了東吳集團的副總，才華和諸葛亮不相上下，兩人後來有過多次較量。

　　三天後，周瑜從前線回來，面見孫老闆。

　　周瑜也是主戰派，且看他是怎麼勸說孫權的。

　　原來，他的技巧與諸葛亮如出一轍，也是按照「本能 —— 情感 —— 理性」三步法。

　　第一步，從本能的得失心理說起

　　江東自開國以來，今歷三世，安忍一旦廢棄？

　　周瑜說：「我們東吳自開國以來，已經傳第三代了，怎麼能失去基業呢？」

　　孫權的「損失厭惡」心理就產生了：對啊，投降就是失去基業，這事怎麼能做？

　　第二步，周瑜從情感上激發自豪感

　　操雖託名漢相，實為漢賊！將軍（孫權）以神武雄才，仗父兄餘業，據有江東，兵精糧足，正當橫行天下，為國家除殘去暴，奈何降賊耶？

周瑜說：「曹操雖名為丞相，可他就是個漢賊！而孫老闆您神武雄才，年輕有為，兵精糧足，應該打天下啊！怎麼能去投降老賊呢？」

孫權被周瑜這麼一激，自尊心立刻出來了：是啊，我年輕有為，應該大展雄才，憑什麼要投降曹操那個老賊？

第三步，從理性上進行客觀的分析

> 且操今此來，多犯兵家之忌：北土未平，馬騰、韓遂為其後患，而操久於南征，一忌也；北軍不熟水戰，操舍鞍馬，仗舟楫，與東吳爭衡，二忌也；又時值隆冬盛寒，馬無藁草，三忌也；驅中國士卒，遠涉江湖，不服水土，多生疾病，四忌也。操兵犯此數忌，雖多必敗。

周瑜理性的分析道，闡述了四點：「曹操犯了兵家大忌：第一是他北邊國境不安穩，馬騰、韓遂蠢蠢欲動呢。第二是北方軍不熟悉水戰，這是其劣勢。第三是現在寒冬，糧草缺乏，他們後勤跟不上。第四是遠道而來，水土不服，曹軍已經發生傳染病了。」

講完這四點還不夠，周瑜又層層剝繭，理性分析了最關鍵的要素。

> 瑜笑曰：「瑜特為此來開解主公。主公因見操檄文，言水陸大軍百萬，故懷疑懼，不復料其虛實。今以實較之：彼將中國之兵，不過十五六萬，且已久疲；所得袁氏之眾，亦止七八萬耳，尚多

懷疑未服。夫以久疲之卒，御狐疑之眾，其數雖多，不足畏也。瑜得五萬兵，自足破之。願主公勿以為慮。」

權撫瑜背曰：「……孤當親與操賊決戰，更無他疑！」

周瑜笑道：「孫老闆，您別看曹操宣稱『百萬大軍』，那只是虛張聲勢罷了。我們經過市場調查，發現曹軍總共也只有十五、六萬人而已，這其中還有一半是袁紹軍投降而來，軍心不穩。所以我評估了一下，五萬人就可以打敗他！」

孫權聽到這裡，才算心裡石頭落了地：「我要親自和曹操決戰。」

最終，孫劉兩家簽署了「策略合作協議」。

西元208年，孫權和劉備結盟，周瑜、魯肅、諸葛亮出力，用火攻燒船的方法，在今天湖北赤壁市，打敗了曹操，史稱「赤壁之戰」。這是中國歷史上著名的一次以少勝多的戰爭。自此之後，曹操退回北方，孫權、劉備各奪取了荊州的一部分，奠定了「三國鼎立」的局面。

---

### 職場實踐：三步法需要考慮的因素

在現實工作中，如果要說服影響他人，需要（但不限於）考慮如下問題，我羅列出來，以供大家參考。

**第一步，本能激發**

這件事會讓對方得到什麼？失去什麼？我如何強化其中的部分因素，來激發對方的「得失之心」？

**第二步，情感影響**

對方容易產生何種情緒？如何挑動一種情緒，和該事件連結起來？強度刺激是否足夠？

**第三步，理性分析**

我自己是否認清了客觀事實？哪些關鍵事實是對方關心的？我如何分步闡述，向對方清晰表達？

# 第二章　換位思考：橫看成嶺側成峰，換個姿勢更輕鬆

# 第三章

## 關係維護：天下何人不識君，只要滿足人之需

什麼樣的職場關係最好？不是個人感情，而是需求滿足。職場是一個要看到時效的地方，說白了就是，你能幫別人解決多大的問題，別人才會對你有多重視，從而決定你們的關係有多好。

## 一、讓對方需要你，是最好的職場關係

### 實力懸殊：強勢員工 vs 弱勢員工

職場中有個普遍現象：因為職級、資歷等差距，員工之間難有對等關係，常常會出現以大欺小、恃強凌弱的情況。

老員工欺負新員工，主管欺負下屬，總經理欺負副總，強者欺負弱者……如果你是弱勢一方，碰到這些情況，是據理力爭，還是委曲求全呢？

據理力爭吧，可就算爭贏了，對方實力擺在那裡，以後倒楣的還是自己；委曲求全呢，這也太低聲下氣了，日子更不好過。

很明顯，這兩種處理方式都不是最佳方法。

最佳方法是：讓對方在某方面需要你，你對他有價值，你們才能保持良好關係。

當然，這句話說起來容易，做起來難。

諸葛亮就遇到了這個難題：在孫劉兩家合作期間，東吳的周瑜就不把諸葛亮放在眼裡。

原因很簡單：周瑜是東吳集團的第二把手，兵多糧足，又大權在握；而諸葛亮只是個剛工作不久的年輕人，自己公司又剛吃敗仗，丟了市場。

一個強勢公司的副總，憑什麼瞧得起一個弱小公司派來的年輕人？

雖然孫劉兩位大老闆簽署了合作協議，可真在工作上合作，下屬之間就出現了矛盾。

周瑜根本瞧不起諸葛亮，想找機會把他解決了。

所幸被魯肅勸阻了：「我們現在共同的對手是曹操，先打贏曹操再說，不要起內訌。」

諸葛亮躲過一劫，但也促使他反思：由於實力懸殊，周瑜蔑視我，我該做點什麼來扭轉這不平等的職場關係。

深夜裡，他抬頭看著星空，掐指一算，要變天了，不由得計上心來。

## 關係法則：能解決痛點才有關係依賴

有一個「黃金關係法則」：需求痛點 —— 特殊提供 —— 長期價值。

圖 3-1 黃金關係法則

· 需求痛點：對方有什麼需要解決的問題。

· 特殊提供：我能為此做什麼，且是別人提供不了的。

· 長期價值：想辦法因此讓對方長期需要我。

如果能做到上面這三點，你們就能保持「職場的黃金關係」。

具體是怎麼做的呢？

諸葛亮首先弄清楚需求痛點：周瑜最需要什麼？是弓箭。

因為在長江上打仗，船艦之間相隔較遠，兩軍難以近身肉搏，只有遠距離武器弓箭最有效。而周瑜短時間內沒有足夠的箭，這就是他的痛點。

然後諸葛亮順著這個思路繼續想：如果我能解決弓箭的問題，周瑜就需要我，雙方關係就牢固了。

於是那天，諸葛亮主動和周瑜交談。

> 孔明曰：「大江之上，以弓箭為先。」瑜曰：「先生之言，甚合愚意。但今軍中正缺箭用，敢煩先生監造十萬枝箭，以為應敵之具。此係公事，先生幸勿推卻。」孔明曰：「都督見委，自當效勞。敢問十萬枝箭，何時要用？」瑜曰：「十日之內，可完辦否？」孔明曰：「操軍即日將至，若候十日，必誤大事。」瑜曰：「先生料幾日可完辦？」孔明曰：「只消三日，便可拜納十萬枝箭。」

這段話符合了「黃金關係法則」的三部分。

### ❖ 對方要什麼：缺弓箭

諸葛亮說：「周老闆，在大江上交戰，弓箭最重要。」

周瑜點點頭說：「你說得很對，現在我們就缺箭，時間還蠻緊迫的。」

諸葛亮主動說：「我們公司可以提供，你要多少？」

周瑜感興趣了說：「那太好了，我要十萬枝箭，能生產嗎？」

### ❖ 我能做什麼：短時間內提供十萬枝箭

諸葛亮說：「沒問題，可以提供，請問什麼時候需要？」

周瑜正想藉此刁難一下諸葛亮，於是獅子大開口：「十天之內交貨。」在旁邊的魯肅聽了，都大吃一驚：這麼短時間怎麼可能？

正中下懷，諸葛亮卻說：「十天太久了，我三天就能交貨。」

周瑜聽了，蠻吃驚的，都不相信能在這麼短時間內完成。不過周瑜心想：既然你自己承諾的，當然好了！

後面的事情，就是上演了經典的「草船借箭」故事。

諸葛亮早就夜觀天象，測算出會有大霧天，於是派幾十艘小船，扎滿了稻草人，駛向曹軍大營。曹軍看不清敵軍陣容，不敢輕易出戰，便只在遠距離放箭。幾個時辰之後，船上就收納了十萬枝箭。諸葛亮羽扇一揮，大功告成，圓滿完成了周瑜給的任務。

❖ **長期價值：一直到打贏曹操為止**

周瑜望著十萬枝箭，大感驚訝，卻又不得不佩服：這個諸葛亮，果然是神機軍師，智慧超群，看來我以後還要多請他幫忙。

「草船借箭」只是小試身手，諸葛亮要的就是長期價值，能一直為周瑜所用，不斷的為他出主意。後來，諸葛亮還陸續提供了火攻方法、借東風等服務。周瑜越來越需要諸葛亮，也就不再刁難他了。

兩人關係一度變得很好，周瑜對諸葛亮大為讚賞。

你看，這就是諸葛亮的本事。

他是一個弱勢員工，面對周瑜這樣的強勢對手，本來處於危險地位，但找到了對方需求，提供解決方案，讓對方從「瞧不起」變成「需要他」，很快就緩和了雙方的關係。

## 三段論述：重新回到 Why —— What —— How

其實，「黃金關係法則」的本質，與我們第一章提出的理論很相似：why —— what —— how。

· Why：為什麼要做這件事？ —— 解決對方痛點。

· What：有什麼現實資源？ —— 我出力、出想法。

· How：解決方法是什麼？ —— 具體實施的步驟。

在後來的合作中，諸葛亮多次出力，幫周瑜解決了各種問題。

尤其在火燒赤壁的前夕，「借東風」成了精彩一筆。

### ❖ Why：為什麼要東南風？解決周瑜火攻的需求痛點

這一次，周瑜心臟病發，臥病在床，他是被急出病的——因為發現隆冬時節，吹的都是西北風，曹操戰船在西北，周瑜戰船在東南，如果用火攻，風向決定火勢，燒不到曹操，卻把自己燒著，這可怎麼辦？

諸葛亮來看望他，說：「我有一味藥，可以醫治您的病痛。」周瑜問：「不妨說來聽聽？」諸葛亮說：「萬事俱備，只欠東風。」周瑜聽完後笑道：「對，這就是我目前的困擾，你有什麼方法解決？」

### ❖ What：有何資源？諸葛亮懂奇門遁甲，可以借風

孔明曰：「亮雖不才，曾遇異人，傳授奇門遁甲天書，可以呼風喚雨。都督若要東南風時，可於南屏山建一臺，名曰七星壇：高九尺，作三層，用一百二十人，手執旗幡圍繞。亮於臺上作法，借三日三夜東南大風，助都督用兵，何如？」瑜曰：「休道三日三夜，只一夜大風，大事可成矣。只是事在目前，不可遲緩。」孔明曰：「十一月二十日甲子祭風，至二十二日丙寅風息，如何？」瑜聞言大喜，矍然而起。

諸葛亮說：「我曾經遇到奇人，他傳授了我奇門遁甲法術，可以呼風喚雨。我可以為你借三天的東南風，到時你火攻曹操。」

周瑜聽後大喜，立刻坐了起來。

當然，這是因為諸葛亮夜觀天象，發現未來三天會有東南風。但他巧妙的將天氣變化，變成了自己的功勞。

所以他擺開架勢，大動干戈，來為周瑜解決問題。

### ❖ How：具體怎麼做？建造七星壇，準備好各種物品

在此過程中，諸葛亮還提出各種條件，比如要一百名士兵歸自己調配，要準備各種旗幟物品，不能打擾到自己，以及提供各種便利條件 —— 這些都為他事後悄悄逃離東吳，回到劉備公司做了準備。

而周瑜全部答應，對諸葛亮好得不得了，和最初想殺他時判若兩人，這一切都是因為 —— 諸葛亮能為他解決問題，滿足需求。

## 滿足需求：曹操為何願意相信黃蓋

職場不是談感情的地方，而是談需求的地方。感情固然可以有，但那叫做「錦上添花」，而解決需求才是「雪中送炭」。

給大家兩個選項：

A. 小黃與你毫無交情，但他負責的輔助工作，能促進你的產品銷量

B. 小蔣與你是老同學，但他負責校園市場，你負責企業市場，兩不相關

在工作中，你會更注重與誰的關係？

選 A 的肯定更多。

為什麼？因為職場是和利益互有關聯的地方。

能讓你銷量提高的人，哪怕沒有情感，你也會重視他；和你的業績不相關的人，即使是老同學，你也不會太重視。

諸葛亮與周瑜非親非故，沒什麼感情友誼，但他讓周瑜「需要」自己，兩人關係一度變得很好。

### ❖ 周瑜打黃蓋

其實周瑜也是這麼對別人的，有一個經典的「周瑜打黃蓋」故事。

周瑜想派人「詐降」曹操，博得曹操的信任，然後裡應外合，一舉擊敗曹軍，便上演了一齣「苦肉計」，讓黃蓋假裝受辱，詐降曹操。

一個敵方陣營的員工，寫信給對方老闆說要投降，對方會重視嗎？

黃蓋假裝投降的信是這樣寫的。

> 蓋受孫氏厚恩，本不當懷二心。然以今日事勢論之：用江東六郡之卒，當中國百萬之師，眾寡不敵，海內所共見也。東吳將吏，無有智愚，皆知其不可。周瑜小子，偏懷淺戇，自負其能，輒欲以卵敵石；兼之擅作威福，無罪受刑，有功不賞。蓋係舊臣，無端為所摧辱，心實恨之！伏聞丞相誠心待物，虛懷納士，蓋願率眾歸降，以圖建功雪恥。糧草軍仗，隨船獻納。泣血拜白，萬勿見疑。

意思是：曹老闆，我黃蓋是東吳的老臣了，但是周瑜這個年輕人，當上主管後，對我有偏見，上個月侮辱我，打了我一頓。我怎能受這樣的侮辱！所以，我想率手下來歸降您。到時我們乘船偷渡，把東吳的糧草、裝備、水師部隊，一起帶過來，請您要相信我的誠意！

曹操看到這封來信，就沒有懷疑過嗎？

曹操當然有懷疑，他心想：一是我與黃蓋毫無個人情誼，根本不認識，如何談論信任？二是黃蓋也算東吳的老臣了，幾十年的工作經歷，年紀這麼大了還要造反？

要知道，曹操疑心很重，他曾經因為住在別人家裡，看見別人在磨刀，就以為想害他，而殺了別人全家。周瑜、黃蓋這種漏洞百出的伎倆，憑什麼能讓曹操信得過？

可出乎意料的是，曹操竟然很快就相信了，而且還承諾為黃蓋等人封官。

操大喜曰：「若二人能建大功，他日受爵，必在諸人之上。」

甚至還親自迎接，在半夜三更，帶著屬下，到江邊去歡迎黃蓋到來。

操大喜，遂與眾將來水寨中大船上，觀望黃蓋船到。

為何一個集團老闆會對一個從不認識、來投降的員工那麼熱情？

因為，黃蓋滿足了曹操的需求，解決了他的痛點！

曹操的痛點是什麼？他的士兵都是北方人，來到南方，不懂水戰，對東吳水網密布的地形也不熟悉。

> 北軍不熟水戰，操舍鞍馬，仗舟楫，與東吳爭衡，二忌也。

曹操迫切需要水軍將領，而黃蓋能滿足這個需求，他是南方本地人，精通水戰，簡直是「東吳活地圖」，還願帶著一幫部下投降。

> 蓋係舊臣……蓋願率眾歸降，以圖建功雪恥。糧草軍仗，隨船獻納。

你看，這就是職場關係：如能滿足對方需求，無論對方是同事還是上級，都肯定跟你打好關係！

- 需求痛點：曹操的北方士兵不懂水戰、不熟地形。
- 特殊提供：東吳老將黃蓋帶領一群本土員工投降。
- 長期價值：曹操征服整個南方都需要這樣的人。

最終，曹操不是因為黃蓋的誠意或情誼，而是因為自己的迫切需求而選擇相信黃蓋。當然，後來的結果是，黃蓋利用這一點騙得曹操信任，然後有了「火燒赤壁」的成功戰役，一舉擊敗曹軍。

❖ **蔣幹盜書**

我們再來看另一個反面例子：周瑜和蔣幹的職場關係。

周瑜、蔣幹原是同班同學，一起長大、一起讀書，情誼很深。

但是在職場上，他們沒有相互需要的關係，而是各為其主。蔣幹在曹操公司任職，周瑜在東吳公司當官。結果呢？

就有了三國經典的故事「蔣幹盜書」。

蔣幹為了自己能被提拔，去勸說周瑜投降。而周瑜也為了自己公司的利益，製造假消息，算計蔣幹，騙他一起喝酒，故意裝醉，把老同學當猴耍。蔣幹為了盜取周瑜公司的情報，也在演戲。

兩個老同學，就這樣相互演戲，裝模作樣，都為了工作需求，出賣同學情誼。

所以，回頭來看本節開篇提出的那個問題。

給大家兩個選項，你覺得在工作中，會更注意與誰保持良好關係？

· 小黃與你毫無交情，但他負責的輔助工作，能促進你的產品銷量。

· 小蔣與你是老同學，但他負責校園市場，你負責企業市場，兩不相關。

小黃就是黃蓋，小蔣就是蔣幹。

職場中的關係，「需求」往往大於「情誼」。

當然，我們要申明一點：並不是說職場只談利益、不講情誼，如果利益與情誼能夠兼得，當然更好──比如周瑜和魯肅，他們不僅是私下的好朋友，更是工作上的好搭檔，兩人政見一致，價值共鳴，一輩子友誼長存，這是非常難得的。最後周瑜死時，還把軍隊大權留給魯肅，可謂是信任至極。

但是，這樣好的關係，在職場中可遇而不可求，可以相信它的美好，但別期望過高。仍然要記住這個事實：利益需求是「雪中送炭」，情感維繫只是「錦上添花」。

## 重視程度：間諜依然獲得秦王的重視

職場如戰場，終歸是以實效說話的。

老闆對你有多重視，取決於你的價值有多大。

如果你只能做雜務，那老闆就把你當下人；如果你能提建議，那老闆就把你當顧問；如果你能撐場，那老闆就把你當心腹。

在中國歷史上，有一個最極端的例子，老闆發現下屬耍心眼，不老實，搞欺騙，可是因為下屬提供的價值太大了，老闆竟然選擇了妥協，繼續與其保持良好關係，還傳為千古佳話。

而韓聞秦之好興事，欲罷之，毋令東伐，乃使水工鄭國間說秦，令鑿涇水自中山西邸瓠口為渠，並北山東注洛三百餘里，欲以溉

田。中作而覺，秦欲殺鄭國。鄭國曰：「始臣為間，然渠成亦秦之利也。」秦以為然，卒使就渠。渠就，用注填閼之水，溉澤鹵之地四萬餘頃，收皆畝一鐘。於是關中為沃野，無凶年，秦以富強，卒並諸侯，因命曰鄭國渠。

這個故事出自《史記・河渠書》，是中國歷史上著名的「鄭國渠」。

話說，在戰國時期，強大的秦國想要吞併弱小的韓國。

韓國打不過秦國，怎麼辦？為了消耗對方的實力，想出一個奇特辦法：派一名叫「鄭國」的水利工程師去遊說秦國，「美其名曰」幫秦國修建大型灌溉設施。這就需要秦國傾全力，徵用幾十萬民力，耗盡資金，用十幾年時間才能完成，當然就沒有精力攻打韓國了。

於是，鄭工程師作為「間諜」，帶著韓國的使命，打著「修水利」的旗號，前去遊說秦國。

秦王最初蒙在鼓裡，覺得修水利很好，便聘用鄭工程師，把黃河水引入洛河，綿延千里，灌溉了三百里的平原，發展了聲勢浩大的水利建設。

七、八年過去了，已經修到一半了，秦王才發現這是一個陰謀！那個鄭工程師竟然是韓國派來的間諜！秦王氣得火冒三丈啊，於是把鄭工程師抓來，要殺他：「你竟然是敵國派來的間諜！要耗盡我國力！」

鄭工程師倒是很坦白，老老實實承認了：「我確實是韓國派來的間諜，但我也是一名專業的工程師。」

秦王怒不可遏啊，要把所有專案人員都殺光。

但鄭工程師勸道：「大王，修水利對秦國是有長期價值的，而您為此讓韓國多延續幾年，有何不可呢？您是要長期價值，還是要吞併韓國的短期價值？」

秦王一想：也對啊，孰輕孰重，我還是看得清楚的。何況現在水利工程修了一大半，豈能半途而廢？那就繼續修吧。

秦王繼續重用鄭工程師，保持了良好關係。鄭工程師也嘔心瀝血，把這項工程全力做好。

數年之後，工程建好了，秦王把它命名為「鄭國渠」。鄭工程師也得到優厚待遇，被秦王大大獎賞。

從此，秦國有了富饒天下的「關中平原」，糧食產量遠高於其他國家，國力變得更加強大，最終消滅了六國，一統天下。

而「鄭國渠」也成為中國乃至世界級的水利工程，直到今天都為人們所敬仰，被認定為世界文化遺產。

在這個故事中，我們看到，作為下屬的鄭工程師，為上司秦王提供了極大價值 —— 興修有長遠利益的水利工程。這個價值之大，遠遠超出了其他利益，滿足了秦國對農田灌溉的龐大需求。因此秦王原諒了這個間諜，還跟他打好關係，優待重獎。

> **職場實踐：維護職場關係的範例**
>
> 「黃金關係法則」雖只有簡單三步，但每一步的具體思考也不少，包含（但不限於）如下問題，以供大家參考。
>
> **第一步，需求痛點**
>
> 對方有什麼難題未解？對方在哪方面需要幫助？這個難題是我能夠解決的嗎？
>
> **第二步，特殊提供**
>
> 我提供的幫助是否比別人更特殊？對方是否因此考慮我為第一合作人？如果別人也能提供，那麼我怎樣能做到更好？
>
> **第三步，長期價值**
>
> 此事的延伸價值有哪些？怎樣讓對方更長期需要我？他後續還有哪些需求？我的能力是否足以與對方長期利益綁定？

# 二、面對不同個性，懂得切換相處模式

## 四色性格：職場相處的不同境遇

其實，上下級關係，並不只是你和上司的「一對一關係」。

在現實職場裡，下屬之間、下屬與上司之間所產生的關係，都會影響到你。

因此，上下級關係不是「單線」，而是「網狀」的。

在工作中，我們必須要考慮周邊相關的同事。比如，諸葛亮要面對的同事有：老闆的紅人（關羽和張飛）、老闆招納的

新助手（龐統）、比老闆年紀還大的老員工（黃忠）、老闆的小舅子（糜芳）、老闆想爭取的對象（馬超）、老闆身邊的保鏢（趙雲）、老闆的乾兒子（劉封）、老闆的親兒子（劉禪）⋯⋯

和這些同事相處是需要講究的，他們都會間接影響到上級和你的關係。

最基本的原則，是按性格分類，切換相處模式，對不同的人用不同的方法。

有許多劃分性格的理論，比如：近年流行的「DISC 性格」，職場較常使用的「何倫碼六型人格」，專業的「MBTI」心理性格。還有中國的五行人格法，西方的十二星座性格、九型人格法⋯⋯還有一種最簡單明瞭的人格劃分，叫做「色彩性格理論」：藍色、紅色、黃色、綠色。

圖 3-2　色彩性格圖

諸葛亮將與他打交道較多的這些人，定義為四色性格。

· 藍色性格：龐統、法正。

· 紅色性格：張飛、孟獲。

- ‧　黃色性格：關羽、周瑜。
- ‧　綠色性格：趙雲、魯肅。

　　來看看諸葛亮是怎麼跟他們打交道的。

## 藍色性格：心思縝密的謀略家

　　藍色代表深沉，這類性格的人善於思考，有智慧，有城府，會是出色的謀略家。諸葛亮自己就是藍色性格，神機軍師嘛！

　　在劉備公司裡，還有兩個人也是典型：龐統、法正。

### ❖ 龐統

　　龐統號稱「鳳雛」，與號稱「臥龍」的諸葛亮齊名，有句話「臥龍鳳雛二者得一，可安天下」，他也很擅長計謀。

　　龐統雅好人流，經學思謀，於時荊、楚謂之高俊。

　　早在赤壁之戰時，就是龐統施展的「連環計」騙得曹操用鐵索連接戰船，才讓東吳有機會發起火攻。可以說，孫劉兩家以弱勝強，打敗曹操，關鍵的一計是龐統出的。

　　所以，劉備授予龐統的職位，和諸葛亮不相上下。

　　但是中國有句話：「兩虎相爭，必有一傷。」龐統是副軍師，諸葛亮是正軍師，兩人的職位幾乎相當。都是替老闆當差，為了不引起紛爭，最好的方式是把兩人的工作任務區分開，各管一塊，這樣兩人才有用武之地，又各不衝突。

所以，當劉備準備進軍四川市場時，想讓諸葛亮、龐統兩人一起跟去，諸葛亮很有智慧，婉言拒絕了，避免和龐統發生衝突。

於是遂請孔明，同議起兵西行。孔明曰：「荊州重地，必須分兵守之。」

諸葛亮說：「荊州是重地，不能沒人，我來鎮守荊州，你們去打四川。」

劉老闆也同意了這個意見，對兩人做了分配，一個留荊州，一個去打四川。

亮留鎮荊州。統隨從入蜀。

在後期，由於市場重點在四川，龐統的地位得到提升，成為正軍師。

這時，龐統就有些驕傲了，即使與諸葛亮相隔千里，也發生了一些爭鋒。當時，諸葛亮寫書信，勸劉備在四川要謹慎行事，不貿然進兵，龐統就不太高興，惡意揣測：這四川市場是我在打，諸葛亮是想阻止我立功吧？

龐統暗思：「孔明怕我取了西川，成了功，故意將此書相阻耳。」

你看，藍色性格的人就是心眼多啊，對一點風吹草動都會很敏感，思前想後的。兩人都是「機關算盡」的性格，相處時真要小心翼翼。

但所幸，這種間隙只是遠隔千里的揣測罷了，沒有演變成實際衝突。歷史上，這兩位心思縝密的謀略家並沒有機會共事，而是各管一塊市場，倒也相安無事。這歸功於諸葛亮的未雨綢繆，防患於未然，職場關係處理得很明智。

　　到後來，龐統在工作中以身殉職，犧牲了，也就沒有後續。

### ❖ 法正

　　在劉備公司裡，還有另外一位藍色性格的員工——法正，他也是謀略家，特別能思考問題，出奇謀制勝，劉備經常讓他出主意。但法正這個人呢，私德不是很好，喜歡記仇，偷偷報復別人。

　　法正著見成敗，有奇畫策算，然不以德素稱也。

　　由於當時劉備公司在創業期，需要開拓市場，急需法正這種有才幹的人，就算他的私德不好，也不會計較太多。諸葛亮很識大體，從不插手法正的事情，避免和他發生衝突。

　　有個故事就很鮮明的表達了諸葛亮的態度，這是他不為人所知的一面。

　　法正為蜀郡太守，凡平日一餐之德，睚眦之怨，無不報復。或告孔明曰：「孝直（法正）太橫，宜稍斥之。」孔明曰：「昔主公困守荊州，北畏曹操，東憚孫權，賴孝直為之輔翼，遂翻然翱翔，不可復制。今奈何禁止孝直，使不得少行其意耶？」因竟不問。

這個故事是說：法正當了蜀郡太守之後，就開始報復以前的同事，那些當年對他不好的人，他都一個一個收拾。有人向諸葛亮告狀：「法正當了大官，變得霸道，您要修理他啊，不能讓他這麼橫行下去。」

　　當時諸葛亮已經是蜀國丞相了，一人之下萬人之上，卻表示不管這事：「當初劉老闆危急之時，多虧了法正從四川公司跳槽過來幫劉老闆拿下四川市場，才有了我們今天的輝煌成就。他有大功，這點小錯就算啦。」他竟然不過問法正的錯。

　　你看，諸葛亮真會「做人」，在這件事上幾乎沒有底線，死活就是不插手法正的事情 —— 他也沒有想像中的那麼光明正直吧？哈哈。其實人都是有自己的心思的。

　　對待藍色性格之人，諸葛亮的態度就是：不聞、不問、不發生衝突，三不管原則。盡量避開和這樣的同事共事，當個和事佬。

　　但後來，法正也去世了，這事也就到此為止了。

# 紅色性格：情感直率的直腸子

與藍色性格的心思縝密不同，紅色性格的人是藏不住心思的。

### ❖ 張飛

張飛就是典型的紅色性格。他的性情像火一樣熾烈，高興了就大笑，生氣了就大怒，直腸子一個，所有的情緒都會表露出來。

龐統猜測諸葛亮時，是心裡嘀咕，而張飛排斥諸葛亮時，是直接頂嘴的，就像這樣。

劉備問張飛：「敵軍夏侯惇到來，我們壓力很大啊，如何應敵？」

張飛卻很不爽，情緒化消遣老闆：「你不是說諸葛亮很厲害嗎？你讓他去應敵啊，問我們這些武將做什麼？」

他的情緒是直接表現出來的。

再比如，諸葛亮第一次做活動時，大家都不太相信他的能力，私下有所質疑，只有張飛一個人是直接說出來的，當著所有人的面給他臉色看。

張飛大笑曰：「我們都去廝殺，你卻在家裡坐地，好自在！」

張飛大笑道：「諸葛亮，你安排我們都出去廝殺、打仗，你自己倒好，坐在家裡，你好自在啊！」然後當著所有員工的面，

冷笑而去。

面對紅色性格的人，諸葛亮怎麼處理關係呢？

這反倒更容易：他們情感外露，喜怒都表現在臉上，其實心裡卻沒有城府。相比於藍色的謀略家，紅色性格的人反倒更真誠，態度也顯而易見。心思簡單，愛就是愛，恨就是恨，直截了當，簡單粗暴，不會耍心機。

所以，諸葛亮第一次面對張飛時，也簡單粗暴的回應他。

孔明曰：「劍印在此，違令者斬！」

意思是：張飛，你不聽話是吧？當著所有員工的面反駁我？那我也不廢話了：「劉老闆的劍印在此，現在是我在使用，不聽安排的人，立刻斬首！」

紅色性格的人是愛憎分明的：你沒本事，我就不服你！你有本事，我就佩服你！

諸葛亮知道，只要自己做出業績，證明實力，張飛就會心悅誠服。果然，很快，諸葛亮策劃「火燒博望坡」，打了個漂亮的大勝仗！張飛就轉變態度了，大為讚嘆起來。

卻說孔明收軍。關、張二人相謂曰：「孔明真英傑也！」

從此之後，張飛對這個神機軍師，那是言聽計從。

對張飛這種同事，你只要有真本事，鎮得住他，他就真誠的表示和解，沒什麼心眼。

比如，後來有個叫嚴顏的敵軍將領，就讓張飛從憤怒立刻轉變為佩服。

> 飛怒，令左右牽去斫頭，（嚴顏）顏色不變，曰：「斫頭便斫頭，何為怒邪！」飛壯而釋之，引為賓客。

意思是：張飛很生氣，要殺俘虜，命人把這個敵軍將領嚴顏砍頭。豈料嚴顏並無懼色，大義凜然說：「砍頭就砍頭，有什麼怕的！」張飛很佩服對方的勇氣，馬上就幫他鬆綁了，還把他奉為座上賓。

你看，紅色性格的人就是這樣簡單粗暴，心思簡單。

### ❖ 孟獲

諸葛亮對紅色性格的人，方法就是做出成績，坦誠相待，讓對方心悅誠服。

蜀國還有個孟獲，也是這樣的人。他原是南方少數民族首領，反叛蜀國，諸葛亮親率大軍去收服，很快的抓住孟獲了。孟獲是個直腸子，不服氣，說自己大意了，要求再和諸葛亮打一仗。

諸葛亮知道，對待這種人就要坦誠相待，於是放他回去，再次較量。

後來，他們相互間共較量了七次，這就是三國著名典故「七擒孟獲」。

最終，孟獲心服口服，對諸葛亮崇拜得五體投地，非常坦誠的投降了。

> 遂同兄弟妻子宗黨人等，皆匍匐跪於帳下，肉袒謝罪曰：「丞相天威，南人不復反矣！」孔明曰：「公今服乎？」獲泣謝曰：「某子子孫孫皆感覆載生成之恩，安得不服！」

而諸葛亮對待這種性格的人，也很坦誠，把得勝的土地全部還給他，還設酒宴好好款待，與他化干戈為玉帛。

> 孔明乃請孟獲上帳，設宴慶賀，就令永為洞主。所奪之地，盡皆退還。

最後，孟獲高興得不得了，紅色性格油然而生。你看他的表現，是所有情緒都表現在外，歡呼跳躍。

> 孟獲宗黨及諸蠻兵，無不感戴，皆欣然跳躍而去。

因此，在職場中對待紅色性格的人，像諸葛亮這樣坦誠相待是最簡單有效的方式。

## 黃色性格：堅毅執拗的自戀者

黃色性格的人很堅毅，有執著的信念，他們為了一個目標，可以堅定的走下去，哪怕困難再大，也不會動搖。

這種人韌勁足，能成大事，但也正因為有本事，他們往往自視甚高，非常驕傲，瞧不起別人。

### ❖ 關羽

在劉備公司裡，誰是典型？關羽。

你看關羽一生，信念堅定，能力超強，他做的事都是一般人做不到的，留下的典故也是三國裡最多的。

溫酒斬華雄──關羽還是個基層員工時，就敢挑戰敵軍的大將華雄，同事敬他一杯熱酒，說喝了再去殺敵，關羽驕傲的說「我去去就回」，出去單挑敵人，幾招就秒殺了華雄，提著人頭回來，那杯酒還是溫熱的！

斬顏良誅文醜──敵軍中有兩員悍將顏良、文醜，我方陣營久攻不下，只有關羽根本不在乎，連士兵都不帶，自己單槍匹馬，闖入敵營，砍了這兩員大將的腦袋回來，嚇得敵軍全面崩潰。

千里走單騎──關羽本來享有朝廷的榮華富貴，層級高、待遇好，但他為了履行承諾，尋找大哥劉備，硬是捨棄了豐厚待遇，離職跳槽，在當時沒有通訊的條件下，護送著嫂嫂行走千里，憑藉執著的信念，終於在茫茫大地上找到了大哥劉備。

刮骨療傷──關羽被敵人的毒箭射中，手臂重傷，名醫華佗說要動手術才能醫治，這是常人忍受不了的劇痛，打麻藥、綁住病人、再用刀切開爛肉。但關羽很傲氣：區區手術，何足掛齒！於是麻藥也不打、手臂也不固定，一邊動手術，一邊談笑風生的下棋，那氣概簡直震撼了所有人！

他簡直活成了一個傳說，厲害得不得了的，還有「單刀赴會」、「水淹七軍」許多的典故，乃至於後世尊稱他為「武聖人」，無論白道黑道都把他當偶像。

　　對這種能力卓越、信念堅定的人，讓他擔當重要任務最好了。

　　荊州是最重要的地盤，兵家必爭之地，諸葛亮建議讓關羽來守衛最合適。

　　但也正因為他很優秀，所以，他很傲氣，《三國志》中對他做出這樣的評價。

　　羽報效曹公，飛義釋嚴顏，並有國士之風，然羽剛而自矜……

　　意思是，關羽是國家的棟梁，然而他也剛強固執，自視甚高。

　　畢竟，人家有實力，誰比得上他，誰有他厲害。他就是天下第一大將軍。

　　因此，他也得罪了很多人，比如，孫權想與他聯姻，把女兒嫁給關羽的兒子。關羽竟然瞧不上人家，覺得自己是漢朝的功臣，孫權算什麼，還把使者罵了一頓，反應很不好。

　　比如，在攻打敵軍時，大家說敵人很強大，千萬要小心，關羽卻傲氣得不行，故意表現能耐，一定要以少勝多，連劉備都攔不住。

雲長曰：「軍師何故長別人銳氣，滅自己威風？量一老卒，何足道哉！關某不須用三千軍，只消本部下五百名校刀手，決定斬黃忠、韓玄之首，獻來麾下！」玄德苦擋。雲長不依，只領五百校刀手而去。

這就是典型的黃色性格：能力強，意志強，堅持己見，自信滿滿。

怎麼和黃色性格的人打交道？

諸葛亮的方式是，不要硬碰硬，不觸犯對方自尊心。

等關羽帶兵走後，諸葛亮悄悄建議劉備：「關羽一定要以少勝多，太輕敵了，恐怕會失敗，我們在後面接應他，但別讓他知道了。」

畢竟，人家有真本事，在公司裡業績最好，沒有他，全公司業績都要減少一半。連老闆都順著他，你就更得順著他了。如果人家不樂意，你就哄著，悄悄的在背後補充，還不能傷他的面子，讓他自我感覺良好。

關羽的傲氣，也隔一段時間爆發一次。

這不，當他聽說劉備招降了一員猛將，名叫馬超，他又不樂意了，想去跟馬超較量一下武藝，寫信來詢問。

平拜罷，呈上書信曰：「父親（關羽）知馬超武藝過人，要入川來與之比試高低。教就稟伯父此事。」玄德大驚曰：「若雲長（關羽）入蜀，與孟起（馬超）比試，勢不兩立。」

職場中這種員工也是讓人很為難啊：他功勞大，本事高，也因此被慣壞了，動不動就耍大牌。

　　諸葛亮這次怎麼應對呢？

　　還是同樣的做法：不跟這種人硬碰硬。並回信給關羽，大大讚揚了他一番，甚至達到「吹捧」的程度了，讓關羽感覺很有面子。

> 雲長拆開視之。其書曰：「亮聞將軍欲與孟起（馬超）分別高下。以亮度之：孟起雖雄烈過人，亦乃黥布、彭越之徒耳，當與翼德並驅爭先，猶未及美髯公之絕倫超群也。今公受任守荊州，不為不重；倘一入川，若荊州有失。罪莫大焉。唯冀明照。」

　　這段話裡，諸葛亮從兩點對羽關進行了「吹捧」。

　　一是關羽個人超級厲害：關將軍，那個馬超怎能跟您相比？他只相當於漢朝時期的黥布、彭越這樣的小角色，跟張飛水準倒是差不多；您可是相當於漢朝的韓信、曹參這樣的國家重臣。馬超和您完全不是一個等級啊！

　　二是關羽地位最高級：關將軍，您駐守荊州，這可是我們公司最重要的事情了，只有您能擔得起這個重大任務！我們可都要仰仗您的，您何必為了和馬超比武這種小事，影響了全公司績效呢？

　　這一番讚譽，可把關羽捧得飄起來。

> 雲長看畢，自綽其髯笑曰：「孔明知我心也。」將書遍示賓客，
> 遂無入川之意。

關羽看完此信，得意揚揚，很是受用，還把這封信給屬下看，說「還是諸葛亮最懂我，哈哈」，驕傲得不行，彷彿說：看見了吧，公司裡還是我最厲害吧？

對對對，您最厲害，您真有本事，公司能有今天，可不都靠您嗎？

對待黃色性格的人，就是一邊把重大任務交給他，一邊捧他、誇他，他的自信心和虛榮心都充滿了，而且覺得你最懂他了。

但「成也蕭何，敗也蕭何」，黃色性格的人自信又自大，發展到後期，如果沒人提醒，就越發目中無人，最終崩塌。關羽很不幸，大意失荊州，被敵軍打敗，危在旦夕，可是同事們竟然都跟他關係很差，沒有一個願意來救他的。

> 又南郡太守糜芳在江陵，將軍傅士仁屯公安，素皆嫌羽輕己。羽
> 之出軍，芳、仁供給軍資，不悉相救，羽言「還當治之」，芳、
> 仁咸懷懼不安。於是權陰誘芳、仁，芳、仁使人迎權。

南郡太守糜芳、公安太守傅士仁，本來都是關羽的同事，而且是策略上相互配合的重要搭檔。但是關羽呢，平常太自負了，根本瞧不起他倆，讓二人心裡很不滿。關羽要出兵打仗，命令二人把軍用物資準備齊全，但時間太吃緊，根本來不及籌

備，關羽就罵他們：「你們辦事能力太差！等我收兵回來後，好好收拾你倆！」這更讓二人惶恐不安了。

結果，關羽被敵人偷襲，危在旦夕，讓糜芳、傅士仁快來救自己，可是兩個人都不願去救他，心想：你平常對我們那麼苛刻，我們為什麼要幫忙？兩人竟然投降了孫權。最終，關羽孤立無援，被殺身亡。

所以，黃色性格的人太驕傲，乃至於同事們都不幫他，最終是自取滅亡。

在職場裡，對待這種同事，如果你惹不起，就哄哄他好了。他對公司的貢獻肯定是大的，但脾氣也很傷人，你就學諸葛亮那樣，讚揚一番，給些面子算了。

當然了，如果你有能力跟這種人鬥一鬥，滅滅他的威風，壓制一下他囂張的氣焰，也是有方法的。

### ❖ 周瑜

比如東吳的周瑜，也是典型的黃色性格。他意志堅定，是主戰派，力排眾議，堅決抗擊曹操；能力超強，統領全國水軍，計謀數一數二的，多次騙得曹操團團轉。但他也自負傲氣，對諸葛亮瞧不上眼，說「既生瑜，何生亮」，還多次想暗害諸葛亮。

面對這樣的同事，就該反擊啊！找個適當的時機，滅一下他囂張的氣焰。

要知道，黃色性格的人是很要面子的，總愛把自己形象做高。諸葛亮就經常不給他面子，用計謀騙得他暈頭轉向，一會偷襲周瑜的城池，一會將計就計設下圈套，以「游擊戰」對付他。總之，讓周瑜常常撲空，氣得他火冒三丈，有了三國著名的典故「三氣周瑜」。

最後，諸葛亮還將計就計，破了周瑜的「美人計」，讓劉備娶回東吳的孫夫人，氣得周瑜吐血大病，還留下一句嘲笑的話：「周郎妙計安天下，賠了夫人又折兵！」

周瑜聽到這話，顏面掃地，又恨又怒，自尊心受到極大打擊。不久之後，舊病復發，英年早逝。

所以，面對黃色性格的人，有正反兩招搞定他：一是肯定他，他的自信心很快就會衝高；二是擊敗他，他的自尊心也會很快受挫。

## 綠色性格：平和不爭的支持者

綠色性格的人，比較平和、踏實，和大家關係也好。他們沒有爭強好勝之心，不喜歡出風頭，不惹事，非常適合做朋友。

當然，他們也有缺點：不太有主見，也沒有強烈的企圖心，老闆說什麼就做什麼。他們可以成為堅定的支持者，但不會去做獨當一面的管理者。

❖ **趙雲**

趙雲，是典型的綠色性格。

> 他一直都是劉備、諸葛亮身邊最得力的助手，從不和老闆爭執，做
> 事讓人很放心。他不是領兵作戰的大將軍，而是長期擔任警衛長。

對待綠色性格的員工，諸葛亮非常信任，很多機密事務都
交給他。比如，諸葛亮從東吳悄悄撤離時，為了確保絕對安
全，就指定了趙雲來接。

> 孔明曰：「吾已料定都督不能容我，必來加害，預先教趙子
> 龍來相接。將軍不必追趕。」

再比如，諸葛亮要重回東吳去弔唁死去的周瑜，為防止東
吳將領加害他，也是點名讓趙雲陪著去才放心。

> 乃與趙雲引五百軍，具祭禮，下船赴巴丘弔喪。

後來，劉備要深入虎穴，去東吳迎親，諸葛亮也指定讓趙
雲跟隨。

> 玄德懷疑不敢往（東吳）。孔明曰：「吾已定下三條計策，非子
> 龍（趙雲）不可行也。」遂喚趙雲近前，附耳言曰：「汝保主公
> 入吳，當領此三個錦囊。囊中有三條妙計，依次而行。」即將三
> 個錦囊，與雲貼身收藏。

對待這樣的員工，只要信任他就夠了。他也會回報你絕對
的忠誠。

但綠色性格的人的弱點就是，他們沒有企圖心和領導力，更沒有強烈的目標追求。你可以讓他當一個傑出的助理、副手，但他很難獨當一面，尤其做更複雜的大案子。

所以，諸葛亮從沒讓趙雲獨當一面，對趙雲的定位也一直是「警衛長」這種支援型角色 —— 比如關羽可以獨當一面，鎮守荊州，馬超可以獨當一面，鎮守西涼，但趙雲一直是保鏢的身分。

有個故事可以看出來，趙雲曾經想嘗試做一個複雜的專案，卻不被諸葛亮授權。

「我雖年邁，尚有廉頗之勇，馬援之雄。此二古人皆不服老，何故不用我耶？」

這已經是幾十年後了，趙雲年紀很大了，那些比他年輕的，比如關羽的兒子關興、張飛的兒子張苞，都負責重大專案了，而趙雲卻還是輔助別人，乃至於自己都有些不滿。「我想獨立負責一個大專案，雖然我年紀大了，但還有古代大將廉頗、馬援那樣的勇力，此二人當年都不服老，為什麼我就不能呢？」

但是，諸葛亮還是沒讓趙雲負責重大專案，始終把他當作輔助的角色。

### ❖ 魯肅

除了趙雲，東吳的魯肅也是綠色性格。他敦厚樸實，沒有心眼，能力也一般，但正是由於他的人品好，被大家信得過。

孫權、劉備、諸葛亮、周瑜都很信任他，他是各方的「黏著劑」，連接孫劉兩家，助成了抗曹聯盟。

但魯肅長期都是個輔助角色，作為各方的聯絡人、潤滑劑。

對待魯肅這種角色，諸葛亮也不耍心眼，而是非常信任，當作朋友。諸葛亮出使東吳期間，沒有一個熟人，就是靠著魯肅幫忙，一次次化解危機。兩人一生都是好朋友。直到魯肅去世時，諸葛亮還在千里之外為他弔唁。

綠色性格的人，普遍當朋友很合適，但做大事都不太行，缺乏足夠的氣勢和野心。趙雲是這樣，魯肅也是這樣，比如魯肅後來接替了周瑜的職位，當了東吳集團的第二把手，但他的決斷力明顯比周瑜差遠了，各項領頭的工作也做得沒有起色。

比如，魯肅多次向關羽討要荊州，都無功而返。

最後魯肅和關羽談判，想暗中捉拿他，豈料反被關羽抓住手，用刀威脅，嚇得不輕，這就是三國著名的典故「單刀赴會」。

雲長右手提刀，左手挽住魯肅手，佯推醉曰：「公今請吾赴宴，莫提起荊州之事。吾今已醉，恐傷故舊之情。他日令人請公到荊州赴會，另作商議。」魯肅魂不附體，被雲長扯至江邊。

結果就是，魯肅擔任高階管理者期間缺乏氣勢，沒有立下什麼功勞。這就是綠色性格的人，不適合執掌一方大權。

> ### 職場實踐：不同性格的相處對應
>
> 在真實的職場環境中，我們會遇到形形色色的人，做好心理預期，對同事們有不同的分類，是贏在職場的重要一環。
>
> **第一步，整體分類**
>
> 從言行上判斷，部門裡的同事分別是什麼性格色彩的人？上司、關鍵決策者是什麼性格色彩？我自己屬於什麼性格色彩？
>
> **第二步，建立模式**
>
> 我和藍色性格的小張如何打交道？和紅色性格的小麗如何打交道？和黃色性格的趙總經理如何打交道？和綠色性格的小李如何打交道？
>
> **第三步，適時調整**
>
> 並非每個人只有一種性格，在不同情境下，他們會有何變化？在特殊事務中，我需要一視同仁時，如何面對所有人？

# 三、成為關鍵人物，上司也得有求於你

## 關鍵下屬：掌握關鍵環節有影響力的人

中國有句古話，叫「縣官不如現管」。

縣官雖有權力，但下屬掌握著某個關鍵環節，反而更有影響力。

這稱為職場的「關鍵下屬」。

有的上司習慣了高高在上，忽視這類下屬，導致全盤皆輸；有的上司重視了這類下屬，給對方極大尊重，從而贏得了局勢。

上下級的關係，在這個關鍵點上，是有特殊性的。

三國歷史上，就有一個「關鍵下屬」張松，因為他一個人的因素，導致了兩大集團的局勢逆轉：曹操大敗，劉備大勝。

讓我們來看看發生了什麼事。

張松，是益州公司（今四川）的行政部主任。

雖然他職位不高，只管些常規事務，但他掌握著非常重要的一份資料——整個四川的地形圖。

為什麼這個地形圖重要？因為四川自古被譽為「天府之國」，但蜀道難走，「蜀道之難，難於上青天」。雄關漫道，難以攻入，外人想要進入四川，比登天還難，除非獲得地形圖。

在太平時期，大家都不重視地圖。但天下大亂時，各方勢力競爭激烈，四川這個「天府之國」就成了爭奪的肥肉，張松手中的地圖就顯得很重要了。

誰能把張松「挖」過來，誰就能順利進軍四川。

本來曹操最有希望得到，還約見了張松一面，張松呢，也想藉此機會，跳槽到曹操公司。

可見面之後，張松特別失望，因為曹操太愛擺老闆架子了。

先是規矩太多，設定了重重關卡，讓張松等了三天，才登記名字見面，守衛還向他索賄。

張松候了三日，方得通姓名。左右近侍先要賄賂，卻才引入。

然後見了面，曹操看到他樣貌不佳，又不太高興。

操先見張松人物猥瑣，五分不喜。

最後，曹操又做出高高在上的樣子，質問：「小張，你們益州公司的劉璋經理怎麼不向我進貢，這是為什麼？」

操坐於堂上，松拜畢，操問曰：「汝主劉璋連年不進貢，何也？」

這讓張松心裡很不快，心想：四川地圖在我手上，你這麼不尊重我，我還懶得給你呢！就和曹操吵了兩句。

曹操也火大了：你一個部門主任，算什麼呢！敢在我面前妄自尊大？想跳槽也不懂得尊敬我這個CEO？於是硬生生逼走了張松。

操怒氣未息。荀彧亦諫。操方免其死，令亂棒打出。

張松心裡氣啊，恨恨想著：你曹操雖然是集團的 CEO，而我只是一個分公司的小主管，但沒我這個關鍵人物，你休想進軍四川市場！

張松又轉念一想：此地不留爺，自有留爺處，我不如去另外一家劉備公司那裡看看？聽說他的「仁義」品牌響亮，口碑不錯，或許更適合我呢！

## 明智決定：遇見劉備式主管就別放過

很快，劉備也接見了張松。

和霸氣傲慢的曹操不同，高舉仁義品牌的劉備，對他非常客氣。

先是派趙雲在幾百里以外迎接他，備好好酒好肉，專車接送。

趙雲曰：「然也，奉主公劉玄德之命，為大夫遠涉路途，鞍馬驅馳，特命趙雲聊奉酒食。」

張松心裡開始感動了。

松自思曰：「人言劉玄德寬仁愛客，今果如此。」

然後，劉備開著車親自來接他，而且早早在車站等候。一見到張松，那是相當客氣啊：「久聞您的大名，如雷貫耳啊！如果您不嫌棄的話，到我們公司來坐坐，聊聊天，喝喝茶。」

## 第三章　關係維護：天下何人不識君，只要滿足人之需

人們都說劉備很會演戲，可是人家能堅持演一輩子，見到誰都客客氣氣，禮賢下士的樣子，這就讓下屬們很感動啊。雖然說的都是客套話，但比那些頤指氣使的老闆強多了，至少聽著心裡舒服。

員工都是居於下位的人，一旦受到上級重視，哪怕是形式上的重視，大多會受到感動。尤其是像張松這樣的「關鍵下屬」，自己有實力，更想得到老闆的讚譽、認可，很在乎面子，劉備的一番言辭讓他很是受用。

張松把曹操、劉備一比較，就覺得劉老闆真好！兩人聊了三天三夜，劉備對他非常客氣，又是陪遊玩，又是陪吃喝，張松心裡大大感動了，心想：自己區區一個四川公司的小主任，居然得到全國知名大咖劉皇叔的青睞。

如果在職場中，有個上司對你這樣好，有兩種可能：一是這個上司真的人品好，素養高，比如像劉備；二是你能決定某個關鍵環節，是別人所需要的，而這個上司慧眼識珠，看中了你。

要是你遇到這種上司，那可太難得了，要抓住機會。

張松就是這樣做的，決定投靠劉備，把自己的機密資料貢獻出來。

松於袖中取出一圖，遞於玄德曰：「松深感明公（劉備）盛德，敢獻此圖。但看此圖，便知蜀中道路矣。」

劉備得到了這份地形圖，對整個四川市場瞭如指掌，從此奠定了他的大業，迅速打開市場，建立了蜀國政權。

而曹操失去這個機會，在攻取四川時大敗，因此再也未能踏足四川。

看完這兩個案例，可以想想：職場中有哪些人容易成為「關鍵下屬」？我們自己能否成為「關鍵下屬」而受到上司的青睞？

## 關鍵職位：那些具有特殊影響力的角色

透過張松的案例，我們來思考一個問題：他受到劉備禮遇，是因為本人能力強，還是因為他的職位職責？

回顧一下，在兩個案例中，張松並未表現出個人才能，而是始終和他的職位有關 —— 行政部主任，擁有地形圖，這才是老闆們最需要的。

這是職場中的普遍現象，叫做職位決定人的境遇。

一個問題：如果公司裡有這兩類人，你會更注意誰？

· 甲員工能力一般，但他的職位職責對你影響大。

· 乙員工能力卓越，但他的職位職責對你沒什麼影響。

通常來說，人們會更注意甲員工，因為他的一個決定、回饋會影響到你的工作，哪怕他脾氣不好、能力不夠，你也多半會忍著。而乙員工就算很優秀，但跟你工作沒什麼關係，除非有親密的友情，不然就是可有可無的。

同樣，如果你自己處於某些「關鍵職位」，即使層級不高，只是一個普通下屬，但同事們、主管們也會很注意你。

職場中，關鍵職位的下屬羅列一下，大概有這麼三類。

· 老闆角色的延伸：跟班、祕書。
· 重要部門的職員：財務、人事、行政、後勤等。
· 改變局勢的助推者：某些關鍵時刻發揮決定作用的角色。

如果你是這幾類下屬，那麼平常受到的禮遇，會比別的同事更多，甚至其他部門的主管也會對你很客氣。你有職位優勢，能在職場中獲得更多人脈、資源、機會——當然，別忘了，這一切是職位賦予你的。

如果你是老闆，面對這些下屬時，最好是收起高高在上的感覺，多一些親和力。不要學曹操那樣霸氣，應該學劉備的禮賢下士，哪怕是裝，也要裝得像一點、久一點，如此下屬的心理感受會好很多，願意為你提供關鍵的好處。

我們就來分別闡述一下這幾類不同的下屬。

## 跟班和祕書：具有老闆延伸權力的下屬

第一類下屬：跟班、祕書，他們級別不高，但卻是「老闆的眼、嘴、手、腳」，老闆的權力是透過他們延伸出去的。

在古代，最典型的就是太監。皇帝身邊的一個小太監，在職位上不如任何大臣，連九品芝麻官也比他級別高。但是，你

敢惹一個縣官、巡撫，可你敢惹皇帝的小桂子、小李子嗎？恐怕巴結都還來不及。

唐朝太監高力士，一句話就可以讓詩仙李白受到冷落，從此與朝廷無緣。明朝太監魏忠賢，替皇帝代言，滿朝文武都要討好他，竟然為其造「生祠」。清朝太監韋小寶，無所不貪，腳踩幾條船，連宰相索額圖也要跟他打好關係。清末太監李蓮英，是老佛爺慈禧的大管家，連一代名臣曾國藩、李鴻章也要對他客客氣氣。

所以，職場中的「級別高低」，不僅表現在人的職位級別，還表現在這個職位的延伸角色 —— 祕書、助理、跟班、侍從等等。他們是老闆的傳聲筒，是上司的千里眼，是老闆的手、腳、眼、嘴。

如果你是這類下屬，那麼恭喜你，獲得了超出自身之外的權力，能「站在巨人肩膀」上得到加持，迅速成長。別人對你的尊敬程度，不是取決於你，而是取決於你背後的那個人。

三國後期，諸葛亮的接班人姜維大將軍，執掌蜀國軍權十年，統領千軍萬馬，但他對於一個叫黃皓的太監卻無可奈何，還常常受其要挾。為什麼？因為黃皓是皇帝劉禪的侍從，是皇帝身邊的紅人，如果得罪了黃皓，就是得罪了皇帝，俗話說「打狗也要看主人面」。

當然，這樣的下屬，妄自尊大，狐假虎威，不值得學習，他們只是權力的衍生物罷了。

但在職場中，如果你身處這類職位，畢竟還是一件美差。只要心態擺正，機會就比別人多很多，借助上司的力量，成就自己的人生。

　　古往今來，正面的例子有很多。

　　比如，明朝有一位太監，叫鄭和，他藉著明成祖的權力，七下西洋，巡遊亞洲、非洲，一生功勛卓著，又玩了吃了，見了世面，還留名青史。

　　比如，唐朝有一位祕書，叫武媚娘，最初只是唐高宗的助理，在他生病時幫著看文件，結果看出了雄心壯志，成為國家的實際掌權人。

　　比如，三國有一位跟班，叫許褚，最初只是曹操的私人保鏢，但他表現很好，就受到重用，帶兵作戰，成為一代名將。

　　比如，清朝有一位司機，叫年羹堯，替四王爺家開車，但他表現很好，結果四王爺當了皇帝之後，封他做大將軍，開拓西北，闢地千里。

　　這些下屬原本都是老闆權力的衍生物，但他們成功轉型，實現了成長，通常來說，比其他下屬效率更高、時間更快──畢竟，近水樓臺先得月嘛！

　　在職場中，如果你成為這樣的下屬，請記住兩點：

・　你是權力的衍生物，切莫妄自尊大，忘了自己真實的實力；

・　近水樓臺先得月，你可借助上司力量，更高效的提升自己。

## 特殊職能：具有部門延伸權力的下屬

這一類「關鍵下屬」，是和部門的關鍵職能有所關聯的。

有些部門本身很關鍵，會影響到別人的切身利益：比如，管錢的財務部，管員工的人事部，管資源的後勤部，管各種小事的行政部……職責由員工執行，於是這些員工也就很重要。

透過幾個真實故事，就可了解他們潛在的影響力有多大。

### ❖ 財務部的「關鍵下屬」

清乾隆年間，大將軍福康安打完仗，回財務部核銷銀子。

但財務部的會計出納卻遲遲不核銷軍費，拖延時日，竟然還要向福康安索賄：「我們這些小職員可辛苦了，任務重，薪水又少，您要核銷的軍務費那麼繁雜，忙不過來啊，不給點額外報酬怎麼行呢……」

福康安可是軍機大臣，不由得大怒：「你們這些小職員也敢向我索賄！」

職員們卻笑著說：「我們哪敢索賄呢？您看，您現在打了勝仗，軍費的發票、帳本就有幾千冊，我們光是清點核對，都忙不過來。而且按照時間順序，排在您前面要核銷的大臣太多了，按正規流程走，輪到您那可就要到明年了喲。」

別看福康安層級高，但具體流程，還不是由這些小吏說了算？誰先核銷，誰後核銷，都在他們控制之中。

福康安就急了：「我的費用要等到明年？那豈不是耽誤了大事，有什麼辦法盡快辦理？」

職員們笑著說：「這倒也簡單。您付點錢，我們加派人手，多請些人來，幾個通宵就幫您核對完了。您的帳優先報，可以排在其他大臣前面。」

福康安沒辦法，只好賄賂了一萬兩銀子給財務部的職員，僅僅過了十天，戶部就把帳目核對好，很快核銷了這筆錢。

所以，管錢的下屬，哪怕級別很低，也有辦法影響到你拿錢，這就是他們的潛在影響力。

### ❖ 人事部的「關鍵下屬」

漢元帝時期，徵選女子入宮，王昭君就是其中之一。

徵選的流程相當多，由人事部登記資訊，再填寫志願，最後還要拍照攝影 —— 由宮廷畫師毛延壽畫下每個女子容貌，呈交給皇帝。

皇帝選妃子，其實取決於毛延壽的畫工，於是，這個小職員悄然成了「關鍵下屬」。他能左右應徵者的命運，眾多女子們都向他行賄，以求畫畫時能美顏一下，在職場中脫穎而出。

只有王昭君不行賄，她容貌絕豔，才華橫溢，認為自己可以靠實力取勝。然而，毛延壽索賄不成，便故意將王昭君畫得醜一點，還在鼻子上加了顆痣，導致皇帝沒有選中王昭君，將她冷落宮廷多年。直到後來匈奴和親，王昭君才有機會脫穎而出。

所以，高層主管的下屬，縱使級別很低，但在某個細節上做些手腳，會對你的提拔晉升有很大影響。

### ❖ 後勤部的「關鍵下屬」

張飛是三國的著名將軍，但他脾氣差，經常斥罵端茶送水的下屬。劉備還告誡過他：「你對下屬太嚴厲了，又總是鞭打別人，這些下屬都是伺候你生活的，時刻在你左右，你要小心啊。」張飛還是不聽，依然如此。

結果呢？有一天，後勤部的兩個小職員張達、范強，又因為小事，被張飛鞭打，哀叫連連。打完之後，張飛喝醉酒去睡大覺了。這兩個小職員伺候左右，心裡怨恨啊：你這種上司太粗暴，我們要報仇！於是趁黑夜，直接在軍帳中一刀殺死了張飛，割下他的頭顱，逃到東吳去獻給了孫權。

所以，管資源的下屬，掌控著你的吃、喝、住、行。人的生命何其脆弱，縱使你權力再大，生活細節也很容易被別人掌控了。

### ❖ 行政部的「關鍵下屬」

唐朝建立後不久，秦王李世民和太子李建成爭奪皇位。

李世民處於劣勢，準備先發制人，在必經之路的玄武門埋下伏兵，暗殺李建成。但玄武門的守將常何是太子李建成的屬下，怎麼搞定他呢？

在太平時代，常何把守的宮門並不重要。他官不過七品，在京城裡只算個小職員。作為行政部的職責，他日復一日的守門，每天的工作就是「詢問來客 —— 看身分證 —— 登記名字 —— 開門放行」，很少被人注意，也沒有晉升的希望。

但突然之間，皇子李世民很重視他，親自面見，許諾加官晉爵，條件是：只要你守住宮門，把太子黨羽隔絕在外。

這時的常何，儼然從默默無聞的守門人變成了影響大局的「關鍵下屬」。

半個月後，當太子李建成上朝時，李世民已埋伏在玄武門。太子的屬下隱約感覺不對勁：「今天氣氛不對，周圍是不是有情況？」太子卻說：「沒事，玄武門守將常何是我們的人，不用擔心。」他萬萬沒料到，常何已被對手收買。

突然，李世民率兵出現，直撲太子。太子大驚，急呼救駕！然而，常何將宮門緊閉，隔絕太子的黨羽在門外，導致太子孤身作戰，很快就被李世民的部下亂箭射死。

兩個月後，李世民登上皇位，那位行政部的小職員常何，一躍而升為四品大員，封為禁軍統領中郎將。

所以，別看人家在行政部日復一日，但掌控著關鍵入口，這一開一關之間就是天翻地覆，換了人間。

## 爭取對象：能影響全局形勢的下屬

能影響全局的下屬，在上司眼裡價值就更高了。

這種下屬是上司決勝的關鍵力量，他的能量大到能影響全局，以至於上司反過來要「討好」他，才能贏得勝利。

### ❖ 韓信

比如，漢初大將軍韓信就是這種角色。

韓信是劉邦的手下，為劉邦開疆拓土。但他後期發展的勢力極大，乃至於幾乎能和劉邦、項羽三足鼎立了。

《史記·淮陰侯列傳》是這樣寫的。當時劉邦、項羽打得不可開交，劉邦快要擋不住了，而韓信卻還在觀望，不來救援。他想要做什麼？劉邦心裡忐忑。要知道，韓信幫誰，誰就能贏，就算韓信誰也不幫，他自己也可以割據稱霸。

不久後，韓信派人來見劉邦，要其滿足一個要求，才答應去救援。

> 漢四年，遂皆降平定。（韓信）使人言漢王曰：「齊偽詐多變，反覆之國也，南邊楚，不為假王以鎮之，其勢不定。原為假王便。」當是時，楚方急圍漢王於滎陽，韓信使者至，發書，漢王大怒，罵曰：「吾困於此，旦暮望若來佐我，乃欲自立為王！」張良、陳平躡漢王足，因附耳語曰：「漢方不利，寧能禁信之王乎？不如因而立，善遇之，使自為守。不然，變生。」漢王亦悟，因復罵曰：「大丈夫定諸侯，即為真王耳，何以假為！」乃遣張

良往立信為齊王，征其兵擊楚。

韓信派祕書來說：「劉老闆，我現在把最東邊的齊國替您打下來了，實力雄厚。但是齊國沒有了王，容易生變，要不您就封我為『假齊王』，做個代理老闆可以嗎？」

韓信這意思是向老闆索要更大的權力：封王。要知道，封王是古代君主能給予下屬的最高權力了，王的上一級就是皇帝了！

劉邦氣得不行，心想：韓信這小子得寸進尺了，敢這樣要挾我？不由得脫口大罵：「我現在自身難保，和項羽打得不可開交，困在這裡，本想讓你來救我呢！沒想到，你在東邊想自己當王了！」

張良、陳平兩個下屬趕緊提醒劉邦：「劉老闆，韓信現在實力太強，您已經沒有多餘力量控制他了，現在這樣罵他，他要是造反，您就功虧一簣了。」

劉邦幡然醒悟，趕緊改口，對韓信的祕書說：「大丈夫要封王，就封個真齊王嘛！何必封個『假齊王』？我現在就封韓信為真正的齊王！」

你看，韓信的實力能影響全局，上司必須要用高官厚祿來討好他了。

公司裡就有這種下屬，角色各有不同，但他們都能「影響局勢」。

比如，部門裡資格最老的員工盤踞二十年了，所有同事都

敬重他，他無形中影響了大家，而一個新來的年輕主管，就很難制約他，反而處處受他制約，甚至被他擺布，乃至被逼走也是有可能的。

比如，掌握了某關鍵技術的員工，其他同事都不會，老闆自己也是外行，那麼這個員工就很有實力，所有人都得求著他。如果他不樂意不開工了，耽誤了工作進度，老闆可就沒轍了。

比如，擁有最大客戶資源的員工，他的業績量是部門重中之重，其他同事加起來恐怕才抵得上他一個人，那麼老闆也得好好哄著他，無論資金、政策都向他傾斜，不然的話，他只要不高興，全年業績量就垮了。

如果你做到這類角色，那真是要恭喜你，老闆在你面前也要「夾著尾巴做人」了，對你也是客客氣氣的。

### ❖ 王輔臣

除了漢朝的韓信，清朝康熙年間的王輔臣也是這樣的角色。

當時，康熙和吳三桂打得不可開交，一北一南，各占半壁江山。而王輔臣是陝甘總督，控制了大西北，擁有雄兵十萬，如果他幫老闆康熙，就能一舉消滅吳三桂；如果幫同是漢人的吳三桂，康熙就要完蛋。所以，雙方都在爭取他。

王輔臣曾經想幫吳三桂，準備與其聯合攻打康熙。

康熙能怎麼辦？用老闆的權威訓斥他還是命令他？不，只

能繼續拉攏他。

康熙也是降下身段了，又是送金銀，又是寫信懷念情誼，不斷的建立感情：「輔臣吶，朕一直很信任你，相信你是我的好屬下，不會和吳三桂同流合汙。你我君臣，從前可是典範楷模啊……」

即使到最後，要派大軍征討王輔臣了，還是以「招降」、「安撫」為主，因為這個下屬實力太強了，不敢動他啊！

做下屬做到韓信、王輔臣這個程度，連上司都要反過來討好了。

說到底，還是基於自身的強大。

在之前的章節裡，我曾提到一個觀點：你能為上司提供多大價值，上司對你的重視程度就有多高。現在，不妨把這句話再擴大一下：你能對上司產生多大的影響（無論正面還是負面影響），上司對你的重視程度就有多高。

所以說白了，職場中，人與人之間的關係本質上還是實力大小的關係。

在這個快速崛起的時代，如果下屬實力真的遠超過上司了，那麼，還真是可以把韓信、王輔臣未竟的想法實現了：不在原上司手下做事了，自立門戶，自己當老大，有何不可？

這才是職場背後的鐵律：用實力說話。

## 職場實踐：找出公司裡的關鍵角色

在具體工作環境中，找到「關鍵角色」，就是找到了事務重點。這些角色可能只占公司兩成的數量，但往往對你產生八成的決定影響。所以，特別要引起我們的重視。

對於「關鍵角色」，我們可以考慮三個方面：一是自身角色，二是他人角色，三是老闆眼中的角色。

**自身角色**：我的部門在全公司裡是否關鍵？我的職位角色在全部門裡是否關鍵？如果關鍵，具體對哪些人尤其關鍵？我的角色會影響到他們什麼指標？他們日常對我的態度如何？我對他們採取何種態度較為合適？如果我的角色不算關鍵，那我如何能爭取到局部、臨時的關鍵作用？

**他人角色**：公司裡哪些職位上的人對我有關鍵影響？部門裡哪些角色對我有關鍵影響？我需要和他們保持何種程度的關係？他們日常對我的態度如何？他們是否意識到自身角色的關鍵作用？

**老闆眼中的角色**：部門內哪些角色是老闆關心的？跨部門哪些角色是老闆所關心的？這些角色為何在老闆眼中重要？老闆對他們的態度如何？同樣，這些角色對你影響大還是影響小？我是否屬於其中之一？

# 第三章　關係維護：天下何人不識君，只要滿足人之需

# 第四章

## 主動出擊：醉翁之意不在酒，借力使力是高手

在職場中，不要和上司硬碰硬，而要懂得借助時機，借力使力。某個外界的機會、上司的痛點、員工們的需求，都可以借來改變上司。

## 一、利用適當衝突，管理上司的注意力

### 不受重視：下屬普遍面臨的境遇

你有才華，有能力，卻一直被老闆忽視，得不到重用，怎麼辦？

持續努力，等待機會？當然可以。但，這畢竟是一種被動思維。

如果時機恰當，不妨主動出擊一次！管理一下上司對你的注意力！

這方面，與「臥龍」齊名的「鳳雛」── 龐統，就有一個成功案例。

龐統和諸葛亮一樣才華橫溢，有句話叫「臥龍鳳雛得一可安天下」，他倆都是當世奇才。但差別在於：諸葛亮長得帥，口才好，龐統長得醜，還有點口吃，這就在職場上失分。

最初，龐統在東吳集團上班，當周瑜的宣傳主管，辛苦工作了很多年，也做過貢獻，在赤壁之戰中用「連環計」誘騙曹操，卻依然得不到提拔。

後來，周瑜去世，新主管魯肅來了，終於對他另眼相看。魯總經理把他推薦給孫權老闆，但孫權見他相貌醜陋，心中不悅，隨便聊了幾句就打發了，還是沒提拔他。

晉升無望，龐統很鬱悶，心想自己也三十好幾了，沒錢、

沒房、沒老婆，在這裡混不出頭，跳槽走人吧。便透過諸葛亮引薦，到劉備公司應徵。

但面試時依然吃了虧，劉備第一眼見他，就沒留下好印象。

> 玄德見統貌陋，心中亦不悅，乃問統曰：「足下遠來不易？」統不拿出魯肅、孔明書投呈，但答曰：「聞皇叔招賢納士，特來相投。」玄德曰：「荊楚稍定，苦無閒職。此去東北一百三十里，有一縣名耒陽縣，缺一縣宰，屈公任之，如後有缺，卻當重用。」

劉總見龐統相貌醜陋，心裡不太喜歡，想了想說：「我們剛拿下荊州市場，不過呢，人員編制已經滿了。離這裡一百三十里路之外有個小縣城，叫耒陽縣，那個分公司……哦不，是個辦事處，正缺人呢，你不如先去那裡任職？」

龐統聽了，心涼了半截：這麼小看我呢……

劉老闆安慰道：「等以後總公司有編制了，再把你調回來。」

龐統心裡那個涼啊，皺起了眉頭，容貌更加不好看。

但既然來都來了，面試過了，還是去試一試吧。龐統只能答應了。

沒辦法，誰讓這是個看臉的社會呢？

一個外在形象不佳、口齒不清的職場年輕人，怎樣才能讓上司刮目相看呢？

那就主動出擊吧！

## 欲揚先抑：龐統吸引老闆看過來

龐統去了一百三十里之外的那個小縣城任職。

他固然是認真工作，但每到夜裡不免失落：我從東吳跳槽過來，薪水反而降低了。在這裡做得再好，總公司怎麼知道？即使一級級傳遞上去，等到何年何月，我早就被埋沒了。

他開始主動出擊，製造了一場「衝突」，吸引上司的注意。

統到耒陽縣，不理政事，終日飲酒為樂；一應錢糧詞訟，並不理會。有人報知玄德，言龐統將耒陽縣事盡廢。玄德怒曰：「豎儒焉敢亂吾法度！」遂喚張飛吩咐，引從人去荊南諸縣巡視。

龐統故意不做事，每天喝酒為樂，公司的各項事務他都不管，業務搞得一團糟，很快就在全集團裡業績排名墊底了。有人向劉備報告了情況。

果然，引起了高層的注意。

劉老闆很生氣：「他怎麼這樣濫於職守？」於是派副總張飛去巡察。

張副總快馬加鞭趕到，見到龐統醉醺醺的，衣冠不整，當場就怒了：「你是怎麼做事的？還好意思號稱『鳳雛先生』？」

正中下懷，龐統心想：我就是要你們來啊，做給你們看的。

接下來，請看他的表演。

龐統曰：「量百里小縣，些小公事，何難決斷！將軍少坐，待我發落。」隨即喚公吏，將百餘日所積公務，都取來剖斷……統手中批判，口中發落，耳內聽詞，曲直分明，並無分毫差錯。民皆叩首拜伏。不到半日，將百餘日之事，盡斷畢了，投筆於地而對張飛曰：「所廢之事何在！曹操、孫權，吾視之若掌上觀文，量此小縣，何足介意！」飛大驚，下席謝曰：「先生大才，小子失敬。吾當於兄長處極力舉薦。」

龐統說：「在這個小小辦事處，事務都太簡單了！張副總您看著，我很快就處理完。」然後叫來祕書，把一百多天積壓的文件都拿來，他一邊看，一邊簽字做決斷，思路清晰，只用半天，就把這些公文處理完，張飛看得目瞪口呆，不禁暗暗佩服：效率超高啊！

龐統把筆一丟說：「像曹操、孫權那樣的大集團事務，我都不在話下，區區一個辦事處，我還不是幾個鐘頭就做完了？」張飛吃驚不小，客氣起來：「您是大材小用了，我這就回去向劉老闆稟報！」

劉備聽了張飛的簡報，才發覺自己低估了一個人才。不久之後，劉備就重用了龐統，提拔他到和諸葛亮一樣的位置。

遂拜龐統為副軍師中郎將，與孔明共贊方略，教練軍士，聽候征伐。

透過製造衝突，龐統成功的引起上司的注意，一局定乾坤！

　　這個故事值得職場人士借鑑，來分析一下他成功的做法吧！

## 印象力模型：三步讓上司記住你

　　每個下屬都希望能讓老闆留下深刻印象。

　　有什麼科學的方法嗎？

　　不妨先問自己一個問題：我曾經對哪些人和事印象最深刻呢？

　　通常來說，不是順利的事，而是有矛盾、有衝突的事，並且讓你還花了一番努力去處理、克服它，最後終於搞定 —— 這類事情最讓你印象深刻！

　　以下幾個選項，你覺得 A 和 B 哪個印象更深刻？

【關於諸葛亮】

　A. 諸葛亮努力工作三十年，把蜀國治理得井井有條

　B. 諸葛亮力挽狂瀾，在東吳的壓力下，舌戰群儒，
　　　震驚四座

【關於趙雲】

　A. 趙雲十幾年來保衛劉備及家眷，日夜謹慎，從
　　　未出過差錯

B. 趙雲在危急時刻單槍匹馬，勇闖敵營，救出阿斗

**【關於戰爭與和平】**

A. 劉禪休養生息，不開戰，讓蜀國人民安居樂業
了四十年

B. 姜維九伐中原，拚命打，千辛萬苦攻下了魏國
幾座城池

大多數人的心裡，對 B 選項印象更深刻，至於 A 選項，沒多少印象。

但你能說 A 選項的事情不重要嗎？實際上，A 的內容比 B 的內容重要得多，更具有深層價值。然而，人類的大腦就是如此 —— 關注那些有衝突、矛盾、起伏的事，淡忘了順利的、平常的事。

回憶童年時光，尋常日子都記不起了，只記得和小明打架，你們滾得滿身是泥，最後握手言和，成為好朋友的那個下午。

回憶高中時代，日復一日的複習沒什麼好說的，只記得為了能和她一同上講臺領獎，你苦讀英語，獲得佳績，與她並肩拍照的那個下午。

回憶大學時光，玩線上遊戲的日子數也數不清，只記得那天你在遊戲裡被多人群毆，宿舍好友們全體上線，幫你幹掉對手的那個深秋的夜晚。

人類大腦就是這樣，把起伏的、衝突的經歷記得更牢。尤其結果是正面的，印象就會更深刻。比如，終於獲獎、終於打敗對手、終於見到心上人等等。

　　因此，要引起上司的注意，並在他心目中留下深刻印象，可以參照這個「印象力模型」，如圖 4-1 所示。

圖 4-1　印象力模型

　　第一步，製造或借助某個已有的「矛盾衝突」，讓對方心裡先震動一下，這時他的注意力被吸引過來了。

　　第二步，讓他直接或間接參與到這個事件裡來，並且投入一番，這個過程中需要他付出努力，或者他看見你的付出。

　　第三步，要獲得一個正面的結果，成功解決了問題，讓對方看到你的能力水準，進而認可你。

　　那些傳說故事，之所以能流傳千年，在一代代人腦海中留下烙印，都是按這個方法寫的。

**《精衛填海》**

A. 矛盾衝突：小女孩被大海淹死，含恨變成一隻
　　飛鳥

B. 參與投入：飛鳥精衛銜著一顆顆石子，誓要把
　　整個大海填滿

C. 成功解決：經過了無數歲月，精衛終於將大海
　　填平

**《白蛇傳》**

A. 矛盾衝突：法海要來捉妖，許仙受到白蛇驚嚇，
　　白娘子百口莫辯

B. 參與投入：白娘子水漫金山，試圖營救許仙，
　　卻被鎮壓在雷峰塔下

C. 成功解決：二十年後，他們的兒子高中狀元，
　　感動天地，全家重逢

　　並且，在「衝突 —— 投入 —— 解決」三步中，通常還有很多小的「三步」：大衝突裡有小衝突，小衝突解決之後又有新衝突，反覆的折磨，多次的折磨，形成起伏連綿的故事線索，一波未平一波又起，讓觀眾欲罷不能，至此留下深刻印象。

　　這個做法完全符合人腦的規律。

　　而在職場中，你可以巧妙的利用某些衝突元素管理好上司對你的注意力。

# 技巧之王：心機男的職場表演

龐統就是用這個「印象力模型」的技巧，成功的讓劉備留下深刻印象。

· 矛盾衝突：龐統故意喝醉，不理事務，把業績搞得一團糟。

· 參與投入：劉備派張飛前去督察，張飛親眼見證龐統處理事務。

· 成功解決：龐統半天內搞定了所有事務，能力得到彰顯。

· 這麼一聚焦、處理，再化解，劉老闆對他的印象極其深刻！

與「鳳雛先生」龐統一樣，「臥龍先生」諸葛亮也是個「技巧王」。在這一點上，他們兩人可真是不謀而合。

把諸葛亮的故事拆開來看，發現他對兩任老闆都使用過同樣的方法，原來他才是最大的心機男！

第一次：三顧茅廬，與大老闆劉備的首次見面

諸葛亮一出場，就是有所安排。他為了讓劉備產生深刻印象，故意製造衝突，躲著不見劉備，吊起他的胃口。

· 矛盾衝突：前兩次都躲著不見劉備，故意不現身，劉備焦急不已。

· 參與投入：讓劉備不斷付出努力，充滿期待又不可得，心一直懸著。

- 成功解決：最後終於見面，精彩亮相，拿出宏偉藍圖和策略方案。

第二次：安居平五路，與新老闆劉禪的首次合作

劉備去世後，兒子劉禪（阿斗）即位，當時蜀國是內憂外患，壓力重重，諸葛亮身為一國丞相，怎麼才能讓新皇帝留下深刻印象呢？他還是用這個技巧，「安居平五路」的故事就是這麼來的。

- 矛盾衝突：劉禪剛即位，吳國來犯、西南造反、魏國侵入，他慌了手腳。
- 參與投入：諸葛亮故意不上班，稱病躲著劉禪，劉禪多次來府上請求。
- 成功解決：最後終於出現，幫助新皇帝搞定一切困難，大顯身手。

我們重拾起之前的故事「神醫扁鵲三兄弟」。扁鵲三兄弟的醫術排名，大哥最好，二哥次好，扁鵲最差。但人們卻只記得扁鵲，這是為何？

就是因為大哥醫術太高明，很早就發現苗頭，提前治好了，很順利，病人沒印象。二哥在病人剛發小病時就治好了，也較順利，沒留下太多印象。而扁鵲在病人嚴重時參與救治，花了大量功夫，費時很久，用各種藥甚至動手術，終於挽救了

第四章 主動出擊：醉翁之意不在酒，借力使力是高手

性命 —— 這麼用力一忙，病人和家屬必定是印象最深刻，所以他們對扁鵲的醫術難以忘懷。

所以，你在公司裡很勤勞，這固然沒錯。但這樣是不夠的，因為缺乏亮點，老闆不會有印象。

這也並不是老闆故意要忽視，而是大腦的機制所決定的。既然懂得了大腦印象機制，就可以借助一些矛盾衝突適當的做出亮點，管理上司的注意力，把上司「捲入矛盾衝突的漩渦」中，還要忙碌一番，讓他從此對你有深刻印象。

近代思想家李宗吾先生，曾總結過一個江湖規律，叫做「補鍋法」。

補鍋匠行走江湖很懂賺錢的手段，本來鍋只有一點小破洞，主人可能還不太在意，但被他狠狠敲幾下，就變成了大問題，然後再花大力氣去補好，讓主人看到，就可以要價更多。

這個方法蠻「厚黑」的，全是心機。但它的本質就是「製造矛盾 —— 參與投入 —— 成功解決」，把小矛盾弄成大矛盾（悄悄的弄），引起當事人的重視，然後再去解決，對方就會很看重你了。

用一句俗語形容，叫做「先放火，再救火」。把對方玩得團團轉，對方還特別感謝你的救助。

當然了，從做人原則來說，這樣「玩」是不厚道的，滿是心機的人在任何環境都不受歡迎，時間久了會遭人嫌棄。

所以鄭重聲明：這種方法，只有在特殊情況下才使用。比如像龐統那樣，自身處境不佳時，或者像諸葛亮那樣需要來一次「被重視」時，可以適當的製造一些機會，引起老闆重視。但終究，他們對老闆是忠心和真誠的。

　　最後強調一點：這樣「玩老闆」也是有條件的，你自己得有夠強的本事，能把衝突化解，而不是搬起石頭砸自己的腳。諸葛亮、龐統敢這麼「玩」，就是因為他們有實力，玩得起，嬉笑怒罵皆成文章，能拿捏上司的情緒，也能搞得定上司的痛點。

　　不得不說，他們是職場大玩家，也是大贏家。

## 失敗案例：張松製造衝突適得其反

　　「玩老闆」是個講究技術的事，拿捏的尺度很重要，多一分就過了，少一分又不及。

　　所以要慎重考慮：掂量一下自己的水準，玩得起才玩，玩不起就還是老老實實做人吧。

　　張松，就是失敗的典型。他本想「玩」一把曹操，為自己加分，拿點好處，結果玩砸了，差點丟了性命。

　　我們來汲取一下他的教訓，也是自我提醒，謹慎行事。

　　前面的章節提到過張松，他本是益州集團的一個「關鍵下屬」，但因為得不到重用，準備跳槽去曹氏集團，希望得到曹

# 第四章　主動出擊：醉翁之意不在酒，借力使力是高手

操重視。

　　為了引起曹操的注意，張松也想「製造衝突」，主動出擊一下。

　　他一共製造了兩次「矛盾」，但效果都適得其反。

　　問題出在哪裡？我們來分析一下。

　　第一次：初次見面

> 操問曰：「汝主劉璋連年不進貢，何也？」松曰：「為路途艱難，賊寇竊發，不能通進。」操叱曰：「吾掃清中原，有何盜賊？」松曰：「南有孫權，北有張魯，西有劉備，至少者亦帶甲十餘萬，豈得為太平耶？」操先見張松人物猥瑣，五分不喜；又聞語言衝撞，遂拂袖而起，轉入後堂。

　　曹操問張松：「你既然是益州公司來的，你們老闆劉璋多年都不進貢，為什麼呢？」

　　本來曹操是想擺一擺老闆架子，顯示一下自己的威風。結果張松呢，不想給他這個面子，辯解說：「現在天下大亂，運輸又中斷了，沒法進貢。」

　　當然了，張松想製造一個「衝突」，把曹操頂回去，這是沒錯的，但錯在他後面的回答。請繼續往下看。

　　曹操說：「我蕩平了中原，很太平，哪裡有你說的大亂？」

　　張松還是硬碰硬頂回去：「天下哪裡太平了？南方有孫權，北邊有張魯，西邊有劉備，他們至少都擁有十萬大軍。」

這句話頓時惹怒了曹操，氣得直接拂袖而走。

為什麼曹操生那麼大氣？

因為張松製造的衝突過於激烈，這幾個關鍵字觸犯了曹操的敏感神經：不太平、盜賊、孫權、劉備、帶甲十萬。

上司是有忍耐底線的，張松的「衝突」直接突破曹操的底線：曹操大權在握，挾天子以令諸侯，最看重的就是自己的霸主地位，希望打造一個「太平盛世」，而張松哪壺不開提哪壺，刺了他的痛處 —— 孫權、劉備是他的勁敵，導致他沒法統一天下，還在赤壁大敗而歸。

這是曹操不想提及的，而張松卻「毒舌」，直指痛處。

所以說，張松第一次見面，就把衝突搞得太大了，讓老闆下不了臺。這是他「玩」砸了的主要原因。

再看看人家諸葛亮是怎麼「玩」的：第一次躲著不見老闆，這個沒有正面衝突，是間接衝突，雙方都好控制，有緩和餘地。

再看看人家龐統是怎麼「玩」的：第一次故意醉酒把業務搞砸，是透過別人告知劉備、讓劉備派人來巡察的，也沒有正面衝突，雙方也有緩和餘地。

而張松呢，卻直接當面打臉，和曹操發生正面衝突，雙方哪有餘地？

你玩得過頭了啊！讓老闆怎麼下得了臺？

第四章　主動出擊：醉翁之意不在酒，借力使力是高手

第二次：再次見面

好在曹操的屬下從中協調，勸說了曹操，讓張松再拜見一次。

這次，曹操是在演兵場上見張松。但見曹軍雄壯，喊聲震天，鎧甲陳列，曹操心情還是蠻好的，爽朗、霸氣。

操謂松曰：「吾視天下鼠輩猶草芥耳。大軍到處，戰無不勝，攻無不取，順吾者生，逆吾者死。汝知之乎？」松曰：「丞相驅兵到處，戰必勝，攻必取，松亦素知。昔日濮陽攻呂布之時，宛城戰張繡之日；赤壁遇周郎，華容逢關羽；割鬚棄袍於潼關，奪船避箭於渭水：此皆無敵於天下也！」操大怒曰：「豎儒怎敢揭吾短處！」喝令左右推出斬之。

曹操向張松炫耀道：「我看那些諸侯啊，都如同草芥一般。我的大軍所向披靡，戰無不勝。張松，你知道嗎？」

這次張松還想製造點「衝突」，說了一堆反話，豈料他又做過頭了。

張松說：「我知道，丞相當然是戰無不勝。比如，在赤壁遇見周瑜，在華容道遇見關羽，在潼關割鬚棄袍，在渭水奪船而逃，真是天下無敵啊！」

張松說的全是反話，以上場景全是曹操大敗的情形。

曹操立刻大怒：「你這個書呆子竟敢揭我的瘡疤！」喝令手下要斬了他。

你看，張松作為一個分公司的小員工，有兩次機會參見大老闆曹操，竟然沒把握住機會。他想「主動出擊」一下，讓老闆留下深刻印象，豈料說話說過頭了，又戳到老闆的痛處。

作為下屬，製造「衝突」要適可而止，掌握好分寸，稍微引起老闆的注意就好了。不要像張松這樣，語不驚人死不休，專挑老闆的糗事來說，哪壺不開提哪壺，還是當面頂撞。難怪曹老闆要斬了他，所幸後來被人勸住了。

---

### 職場實踐：主動出擊的注意事項

張松的「主動出擊」做得很失敗，被趕出了曹氏集團。

而諸葛亮的「主動出擊」卻做得很成功，贏得了上司的興趣。

他們的方式有三大區別，也是我們要注意的三大事項，請參考。

第一，避免人際衝突，多利用事務衝突

張松、曹操的衝突是針鋒相對，互相指責，針對個人好壞的評價，這是錯誤的；諸葛亮和兩個主管的衝突，並不針對個人，而是事情本身需要解決 —— 劉備想找人才、劉禪想處理問題。

第二，不觸老闆底線，尺度適可而止

張松觸及了曹操的底線，揭老闆的短，提老闆那些糗事，這就變成人身攻擊了。而諸葛亮只是讓老闆產生一些焦慮，製造一些延時，尺度也控制得好，不讓老闆過分難堪，見好就收了。

> 第三，不打無備之戰，事前積極暗示
>
> 其實，諸葛亮事前就透過各種方式向老闆暗示了自己的價值，老闆有所期待，才會屈尊忍耐。而張松手中掌握地圖，卻沒告訴過曹操，曹操壓根不知道張松的價值所在，沒有期待，也就跟他撕破臉了。

# 二、搞定更上一級，借力上司的上司

## 被動地位：上司的弱點在哪裡

有時候，你發現以一己之力，並不能改變上司。

畢竟他在上，你在下，他是主動地位，你是被動地位。

但是，我們不妨逆向思考一下：上司就永遠處於主動嗎？他在什麼人面前也會被動呢？

能讓上司處於被動的是他自己的上司。

如果你能搞定「上司的上司」，利用好這個資源，讓更高一級的主管參與進來，事情就好辦多了！畢竟，無論誰面對自己的上司，不都得乖乖聽話嗎？

諸葛亮就用這個思路幫劉備解決了一個大難題。

赤壁大戰後，曹操敗北，南方得到了暫時和平。劉備因為實力較弱，想和孫權進一步鞏固關係，而孫權也想利用劉備，藉機控制他的公司。於是，周瑜向孫權獻計：把孫權之妹孫尚

香許配給劉備，聲稱是「聯姻」，但條件是要劉備親自來東吳，就此把他控制住。

這讓劉備很糾結：如果他不親自去迎親的話，就顯得沒誠意，兩家關係不能鞏固；如果親自去的話，就怕入了虎穴，被控制住回不來了。

諸葛亮勸說：「把孫尚香小姐迎娶回來，顯得我們有誠意，以後兩家就是親戚了。」

劉備搖搖頭說：「可是我作為新郎去東吳，到了孫權的地盤，一切都將聽命於他了。萬　孫權對我下圈套，該怎麼辦？」

諸葛亮笑道：「劉老闆您是擔心，在東吳由孫權說了算，你處於被動地位嗎？」

劉備說：「對啊。我到別人的地盤上，別人就是老闆，我是個無權之人。他主動，我被動，能怎麼辦？」

諸葛亮說：「非也，其實孫權也有他的弱點 —— 只要你搞定了他的上級，孫權就不能把你怎麼樣。」

劉備驚訝的問：「孫權是東吳唯一的大老闆，他哪來的上級？」

諸葛亮羽扇一揮，笑道：「他的上級就是母親吳國太、岳丈喬國老啊！」

劉備恍然大悟，說：「只要搞定這二老，我就不怕孫權了！」

於是，劉備前去東吳迎親。臨行前，諸葛亮送了三個錦囊妙計，都是關於如何「借用上司的上司」力量來擺脫孫權影響的。

## 緊抱大腿：得到「更上級」的庇護

劉備帶著少量隨從，來到了東吳。

孫權大喜，心想：哈哈，你到了我的地盤，還能不受我擺布嗎？在東吳，我最大，要殺你劉備，就像踩死一隻螞蟻一樣。

誰知，劉備早就派人去見了吳國太、喬國老兩位老人，把聯姻的消息都稟報他們了。

吳國太這個老太太，一輩子最疼愛的就是女兒，對兒子孫權的政治是一點也不感興趣。她聽說兒子打算用女兒來做政治籌碼，不禁大怒。

> 國太大怒，罵周瑜曰：「汝做六郡八十一州大都督，直恁無條計策去取荊州，卻將我女兒為名，使美人計！殺了劉備，我女便是望門寡，明日再怎的說親？須誤了我女兒一世！」喬國老曰：「若用此計，便得荊州，也被天下人恥笑。此事如何行得！」說得孫權默然無語。國太不住口的罵周瑜。

吳國太老淚縱橫，罵兒子孫權：「你這個不孝子，你騙劉備來要殺他，那你妹妹的名聲怎麼辦？既然說是訂親，還沒結婚呢，丈夫就被殺，你妹妹豈不是『望門寡』？這是要誤我女兒一生啊！」

喬國老也在旁邊搖頭：「孫權，你要是用此計，就算成功了，也會被天下人恥笑啊。」

孫權雖是公司老闆，但見母親、岳父二老生氣，也不敢再說話了。他憋了一肚子氣：怎麼這麼快就被二老知道了？我這戲還怎麼演下去？

這是第一次，劉備借用「上司的上司」力量威懾住了孫權。

然後第二次，在甘露寺，吳國太要見劉備，準備訂下親事。

孫權心想：可不能就訂了親啊，一定要先把劉備幹掉，不然我媽看中了他，就假戲真做了。於是派人在甘露寺埋伏刀斧手，準備刺殺劉備。

豈料劉備又向吳國太簡報，及時得到了「上司的上司」的支持，還演了一場戲。

> 玄德乃跪於國太席前，泣而告曰：「若殺劉備，就此請誅。」國太曰：「何出此言？」備曰：「廊下暗伏刀斧手，非殺備而何？」國太大怒，責罵孫權：「今日玄德既為我婿，即我之兒女也。何故伏刀斧手於廊下！」

劉備撲通一聲，跪在吳國太面前哭道：「您要是想殺我，就現在殺吧。」

吳國太不知所以，很驚訝問：「何出此言呀？」

劉備一邊哭，一邊說：「孫權早就在甘露寺外埋伏了刀斧

手，不是準備殺我嗎？在這東吳，他權力最大，我能怎麼辦呢？」一副可憐的樣子。

吳國太又是心疼劉備，又是對孫權生氣，心想孫權這臭小子又耍詭計呢！大罵道：「孫權我兒，你當了東吳的第一把手，眼裡就沒你娘了是嗎？明明知道今天訂親，劉備就是我女婿、你妹夫了，你竟然還準備刀斧手，簡直是太過分！」

孫權嚇傻了：我媽怎麼又知道了？這太尷尬了……

> 權推不知，喚呂範問之，範推賈華。國太喚賈華責罵，華默然無言。

孫權只好推說自己不知道，問手下的謀臣呂範：是不是你的主意？呂範也裝作不知道，又問更下一級的刀斧手賈華：是不是你的主意？

在東吳，權力等級是這樣的，一級一級罵下去。

圖 4-2　東吳權力等級

吳國太的心裡氣啊，為了顧全面子，也只好抓著賈華來痛罵了一頓，賈華沒辦法，只能默不作聲，替主管背黑鍋。誰讓他的級別是最低呢？

　　孫權計畫又落空了，只好撤去刀斧手。心想這婚事弄假成真了，唉！

　　所有人都要聽吳國太的，那麼劉備「緊抱上級大腿」，他就安全了。

　　於是第三次，劉備主動請求，讓吳國太持續的保護自己。

　　國太大怒曰：「我的女婿，誰敢害他！」即時便教搬入書院暫住，擇日畢姻。劉備自入告國太曰：「只恐趙雲在外不便，軍士無人約束。」國太教盡搬入府中安歇，休留在館驛中，免得生事。劉備暗喜。

　　吳國太做了嚴正聲明：「劉備是我的女婿，誰敢害他！」然後讓劉備和隨從一同住到自己的書院裡來，保護了他的安全。劉備又請求說：「還有我的保鏢趙雲也在外面，可否一起住進來？」吳國太同意了，全都搬進來吧！

　　劉備心裡大為高興，他雖在孫權的勢力範圍內，卻得到了吳國太更高權力的庇護，安如泰山。

　　就這樣，劉備三次借用「更高領導者」的權力，讓孫權沒了脾氣。

## 權力延伸：代表「更上級」行使權力

劉備娶到了孫尚香，兩人恩愛。一個月後，他準備帶夫人離開東吳，回到荊州，孫夫人也同意了。

於是，一行人悄悄出城，車馬已快到江邊，只要渡江，就脫離了東吳的勢力範圍。

孫權獲悉消息，心想：你離開了我母親的住地，不就是我的甕中之鱉嗎？我以「潛逃」的罪名，將你逮捕！於是，立刻派了四員大將前去捉拿。

劉備大驚，見遠處塵土飛揚，四員大將飛馳殺來，喊道：「我們奉孫老闆的命令，要捉拿潛逃的劉備回去！劉備，你快束手就擒吧！」

怎麼辦？吳國太今天不在場，誰來救我？命在旦夕！

此時，劉備想起來：諸葛亮還給了我一個錦囊妙計沒打開呢！於是打開一看，他瞬間恍然大悟：借助我的夫人孫尚香，她也可以充當「上司角色」啊！

於是，孫夫人從轎子裡出來，說了一番話，讓四員大將啞口無言。

夫人正色叱曰：「……我奉母親慈旨，令我夫婦回荊州。便是我哥哥來，也須依禮而行。你二人倚仗兵威，欲待殺害我耶？」罵得四人面面相覷。

看孫夫人這段話，有四點資訊很重要。

一是「我奉母親慈旨回荊州」：這是借助「更上級」的權威，凸顯的是吳國太的意願，淡化了自己本人的意願──潛臺詞就是，既然這是上級的意思，你們做下屬的怎敢阻攔？

二是「我哥哥也須依禮而行」：這是用「更上級」壓制「直屬主管」。我奉的是吳國太的旨意，你們四人奉的是孫權的旨意，究竟誰大？當然是我更大，因為孫權也得聽吳國太的，所以你們沒資格阻攔我。

三是「你二人倚仗兵威，欲待殺害我耶？」這是強化負面後果，故意把事情說得嚴重，我主觀認定你們是想害我，對你們扣上一頂大帽子，讓你們知道事態的嚴重性。既然我比你們大，你們阻攔我，不就是大逆不道嗎？

四是在整個過程中，孫尚香一直強調「我」，而不是「我們」。她沒有提到劉備，這是避免出現劉備與東吳的衝突，而是凸顯自己的角色地位，讓將領們不敢冒犯，不知不覺中轉移了「要抓捕劉備」的矛盾。

四員大將也不傻，聽孫尚香這麼一說，心裡也打起了算盤。

各自尋思：「他一萬年也只是兄妹，更兼國太做主，吳侯（孫權）乃大孝之人，怎敢違逆母言？明日翻過臉來，只是我等不是。不如做個人情。」……因此四將喏喏連聲而退。

這段心理活動中，他們把職場關係理一下，考慮了幾個關鍵點。

一是「他們一萬年也是兄妹」：直屬老闆（孫權）與目前衝突的人（孫尚香）是兄妹關係，這種親人關係遠勝過職場關係。

　　二是「有國太做主，吳侯怎敢違逆母言」：吳國太是比孫權還高的上級，她的旨意誰敢違抗？就是我們的「直屬主管」也不敢違抗她啊。

　　三是「明日翻過臉來，只是我等不是」：國太、孫夫人、孫權，人家三個是一家人，我們只是部下，這以後要是翻舊帳，家人間都好說話，但倒楣的還是部下。

　　經過思考，就理清了在這個事件中的權力等級。

- 最高級：吳國太。
- 最高權力的延伸：孫尚香。
- 次高級：孫權。
- 最下級：四個將領。

　　孫尚香是藉著吳國太的「旨意」，所以她被賦予的權力比孫權還要大，四個將領處於最下級，是不敢動她的。

　　雙方搞清楚了這個關係，就心照不宣了。四員大將立刻退下，不再追究。

　　而整個交涉過程都由孫夫人出面搞定，劉備根本沒有露面，避免發生正面衝突 —— 最大的受益者是劉備啊。

就這樣，劉備學習了諸葛亮的妙計，借用「更上級」的權力延伸，壓制住了「最下級」的四員大將，最終成功回到了荊州自己地盤上。

## 謹慎處理：借力「更上級」有風險

透過上述的故事，我們看到，要改變你的老闆，可以讓他的上司捲入進來，借力使力。

但說起來容易，做起來卻很難，會遇到不少風險。

假設你是一個小兵。

如果你受了排長的委屈，憑什麼旅長要管你？旅長只會派營長去處理，就已經算很關照了，不太會親自去管。

如果你和排長有衝突，旅長會更照顧誰？肯定更照顧排長啊。排長負責一個排，旅長如果和他鬧僵了，那整個排都不聽使喚了，而犧牲你一個小兵，能有多大損失？

退一步說，就算你告到旅長那裡，你贏了，排長受處罰了。再往後呢？你還得在排長手下做事，旅長又不可能一直罩著你，往後日子長著呢，排長找機會報復你、找你麻煩，你能怎麼辦？

這些問題都客觀存在，要考慮清楚了才做。

所以，在此要鄭重聲明：「借力更上級主管」── 這件事本身難度很大，風險也很大。不到特殊情況，不要輕易去做，即使要做，也要很謹慎。

## 六大原則：面對兩個層級主管的分寸

如果要做，我推薦以下「三要三不要」的原則。

- 三要：要鎖定真正決策者、要找他們之間的矛盾、要和更高領導者有利益綁定。

- 三不要：不要為小事而大動、不要自己面對衝突、不要完全置身事外。

再輔以這張圖，我來為大家分步講解。

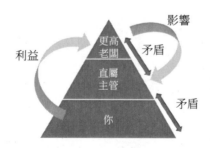

圖 4-3　權力等級

第一個「要」，要鎖定真正決策者

「更上級」主管也不只一個，到底哪個真正具有影響力呢？

孫權的「更上級」，不僅有他母親，還有他的岳父喬國老，也是名義上的上級，但喬國老並不能真正影響孫權，也不會越俎代庖。

如果劉備找錯了決策者，請孫權的岳父喬國老出面，恐怕就沒有效果，喬國老只能敲敲邊鼓、輔助勸說，關鍵時候是幫

不了劉備的。

第二個「要」，要找他們之間的矛盾

「更高主管」和「直屬主管」之間必須有矛盾，你才能加以利用。不然的話，他們鐵板一塊，意見一致，你不是白費力氣嗎？

劉備就抓住了吳國太和孫權之間的矛盾：孫權用妹妹做誘餌，不管妹妹的名聲；吳國太最疼愛女兒，不容忍女兒一絲受損。有了這個矛盾，劉備才能激發吳國太的力量去扭轉孫權。

如果孫權、吳國太意見一致，都願意用孫尚香做誘餌，那劉備就算找了吳國太，也是毫無作用。

第三個「要」，要和更高領導有利益綁定

「更高主管」和你有共同利益，並且這個利益能觸動他，他才願意為你施展影響力。

劉備和吳國太雖然不熟悉，但有共同利益 —— 孫尚香。劉備要娶她做老婆，吳國太心疼她，而孫權要把她當誘餌，於是劉備和吳國太就結成了統一戰線，共同反對孫權。

有共同利益很重要。試想，吳國太是對劉備感興趣嗎？並不感興趣。如果劉備與孫尚香沒有關聯，吳國太才不管他死活呢，只是因為他會影響到孫尚香，才願意幫他。

說完三個「要」，還有三個「不要」。

第一個「不要」，不要為小事而大動

畢竟，你要借力更上一級，就會得罪直屬主管，這是有代價的。

不要輕易得罪你的直屬主管，他會更長期的決定你的未來，如果只是一些小事，就忍一忍算了，委曲求全，小不忍則亂大謀。

劉備知道，孫權是他想長期合作的對象，根本不想得罪他。如果雙方只是有些小摩擦、手下士兵打架之事，劉備根本不會找吳國太幫忙，睜一隻眼閉一隻眼算了。但這次不同，孫權是要取劉備性命，這種頭等大事，劉備就必須請上級主管出面了。

第二個「不要」，不要自己面對衝突

無論如何，下屬跟上司當面硬碰硬都是不利的。讓更高主管捲入進來的目的，也是避免自己與上司發生正面衝突。

在故事中，只看到吳國太罵孫權，但沒看到劉備和孫權直接發生衝突。此時的劉備不作聲、不表態，就在旁邊默默看著。

在後來追兵到來時，劉備也是讓孫夫人出馬，孫夫人與四員大將周旋，自己並沒有露面。

要學習劉備這種態度，讓上級替你出頭，自己別衝在前面。

第三個「不要」，不要完全置身事外

但也不能完全置身事外，丟下一個爛攤子讓兩位主管去收拾。

在甘露寺，劉備只是希望吳國太保護自己，這個目的達到了。但吳國太控制不住情緒，超出了劉備期望，要殺掉孫權的手下賈華，這就會升級衝突。以後，孫權會更記恨劉備。

所以這時，劉備要出來緩和氣氛，打個圓場，勸吳國太消消氣，替孫權說兩句好話，也讓孫權有臺階下。這事就到此為止，不再追究了。

---

### 職場實踐：應景的工作案例分析

現實職場會比三國故事更複雜，主管的級別、數量也更多。我們來看看以下三個案例，了解在職場中最需要注意的三個問題。

**哪位上級主管是關鍵？**

在某大型上市企業裡，部門主管是張主任，你是他的手下。你想透過更高一級主管影響他，以下三位，你會鎖定哪一位？

A. 他的直屬主管 —— 趙副總

B. 其他主管 —— 李副總、楊副總

C. 整個公司的大老闆 —— 王總經理

解析：因為在大型企業裡，部門眾多，一個總經理管不過來，就會有若干名副總來分管一些部門。趙副總分管你們部門，他是張主任的直屬主管，所以你鎖定趙副總才有作用。至於其他副總，則是分管別的部門，與張主任沒有直接關聯。而整個公司的大老闆王總經理，雖然權力最大，但和你隔了兩個層級，沒有太強意願越過趙副總、張主任兩個人來注意到你。

---

正確答案是 A。

**什麼矛盾點最有利用價值？**

張主任派你出差一個月，你並不想去，但改變不了他的想法。此時，有以下三種情況，你覺得哪個矛盾點最值得利用，可幫你扭轉局面？

A. 張主任派你出差，趙副總想讓你寫專案，那就回來再寫吧

B. 張主任派你出差，趙副總考慮近期讓你接手產品專案

C. 張主任派你出差，趙副總急需你這個月把新產品設計出來

解析：A 類情況，兩位主管之間沒什麼衝突，意見基本一致，你很難藉此影響張主任。B 類情況，雖然有一點衝突，但不夠強烈，你可以試一試，也許有效果。C 類情況，時間緊急，唯你不可，這是兩位上級較激烈的矛盾，最值得你利用。

正確答案是 C。

**如何借用更上級的權力，對直屬主管施加影響？**

你不想出差一個月，想待在公司，便將此事告知了趙副總，他也贊同。接下來，你該怎麼做？

A. 你向張主任說：「趙副總要留我設計產品，我這個月就不出差了。」

B. 你向趙副總說：「張主任要派我出差，您能讓他換別人去嗎？」

C. 你同時向兩人說：「兩位主管，我的事，你們商量一下吧。」

解析：同時捲入兩個上級時，讓兩位主管去溝通，避免自己衝鋒在前。A 選項肯定是不適合的，你把自己置於張主任的對立面，強化了你和他的衝突，趙副總的角色反倒弱化了。

B 選項就合適，你請趙副總出面，去和張主任溝通，自己避免了正面衝突。C 選項也不合適，雖然貌似你讓他倆溝通，但這話從你嘴裡說出來，未免太越俎代庖了，倒顯得你像是老闆似的，一般人都不會說這種話。

職場環境千變萬化，情況各有不同，需要自己長期的實踐摸索。

但上述三個案例，代表了最重要的三個問題。

Who：能發揮關鍵作用的「更上級」是誰？

What：什麼樣的矛盾點才值得利用？

How：如何巧妙的讓「更上級」捲入，而淡化我自己的矛盾焦點。

這三個問題考慮清楚了，基本就能搞定一般的職場情況了。

# 三、利用團隊力量，共同影響上司決策

## 下屬聯合：上司面對一群人也沒轍

你用盡了個人辦法，也無法改變上司，是該認命了。

但，別急！還有一個方法或許有用：依靠群眾的力量。

在公司裡，上司是只面對你一個人嗎？才不是呢。上司要面對的是一群人，多個下屬。

當意識到這一點時，就可以嘗試聯合多個同事一起發力！

俗話說「三人成虎」、「寡不敵眾」。一個下屬難以改變現狀，但一群下屬聯合起來時，上司就抵擋不住了。

諸葛亮就曾經這麼做過。

劉備公司拿下漢中市場後，諸葛亮建議他自封為「漢中王」，畢竟公司規模擴大了，主管的級別也要提高。

但劉備並不願意自封為王，他覺得自己沒得到中央朝廷的認可，說不過去。

而對於文臣武將來說，只有主管的級別提高了，自己的級別才能提高，所以大家都很想讓劉備封王。

於是諸葛亮就以團體的名義來勸劉備。

孔明曰：「非也。方今天下分崩，英雄並起，各霸一方，四海才德之士，捨死亡生而事其上者，皆欲攀龍附鳳，建立功名也。今主公避嫌守義，恐失眾人之望。願主公熟思之。」玄德曰：「要

吾僭居尊位，吾必不敢。可再商議長策。」

諸葛亮說：「我們這些人，有技術、有學歷、有能耐，跟著劉老闆您創建公司，不就是想攀龍附鳳、得到功名嗎？可您如果不封王，那我們下屬的級別怎能升遷？怎能做更大的官？恐怕大家會失望啊。」

這意思很明白了：你就算不想做這件事，也要考慮我們下屬的感受。

劉備只好說：「可以商量，可以商量。」

諸葛亮一個人作用不大。不久之後，員工們就集合來勸了。

諸將齊言曰：「主公若只推卻，眾心解矣。」

全體高階主管們向劉老闆表態：「老闆您要是再不同意，我們人心就散啦，大家就沒有奮鬥的動力了。」

玄德再三推辭不過，只得依允。建安二十四年秋七月……受文武官員拜賀為漢中王。

終於，劉老闆推辭不過，在團體的影響下，同意了這個決定！

所謂三人成虎，上司的意志並沒有想像中那麼堅定，如果周圍人都勸他，他其實是不易抵擋的。

## 利益交集：下屬們的合力關鍵因素

為什麼蜀國的大臣們能聯合起來勸諫劉備？

因為他們有共同的利益。

大家的利益交集越大，就越能齊心協力，共同影響上司；利益交集越小，就越難以組成團體，難以促成上司的決定。

### ❖ 有個反面例子，就是東吳集團。

在赤壁之戰前夕，孫權猶豫過很久，究竟是抗曹還是投降？下屬們都紛紛來勸，也組成了團隊，但他們意見不一，有的說投降好，有的說抗曹好，吵成了一團。群臣利益交集小，效果就很差。

> 時武將或有要戰的，文官都是要降的，議論紛紛不一。且說孫權退入內宅，寢食不安，猶豫不決。

這種情況下，下屬們勸不動上司，上司的心思也很混亂。

好在後來，魯肅、周瑜、諸葛亮用了「大腦科學說服法」，強力扭轉局勢，才讓孫權下定決心。但這個成本是非常大的。

那麼，在什麼情況下，大家容易形成一致意見？什麼時候不易達成一致呢？

這兩種情況分別是：

　A. 容易一致：做這件事，能獲得收益，即使收益
　　　多少不確定

B. 不易一致：做這件事，能避免損失，但損失多

少確定

A 類情況，典型如「蜀國群臣勸劉備」——只要勸成功了，劉備封王，所有人都會有好處，升官發財。雖然每個人的收益不確定，甚至差距很大，但沒關係，多多少少總能得到些好處！管它呢，先說服了上司，後面再考慮分配的問題嘛。

B 類情況，典型如「吳國群臣勸孫權」——主戰派、投降派兩方都是為了避免損失：前者認為只有抗戰到底，才能避免家破人亡；後者認為只有和平統一，才能避免家破人亡。但損失有多大，值不值得，自己會在其中損失多少，能夠避免多少，都不確定。於是大家爭論不休，各自選邊站。

## ❖ 宋朝例子

正因為如此，在歷史上，凡是王朝初建時，整體收益是增加的，團隊的意見就比較一致。比如宋朝的建立，就是下屬們集合擁立上司趙匡胤促成的（《宋史・太祖本紀》）。

> 諸校露刃列於庭，曰：「諸軍無主，願策太尉為天子。」未及對，有以黃衣加太祖（趙匡胤）身，眾皆羅拜，呼萬歲，即掖太祖乘馬。

趙匡胤本來還不太想篡權當皇帝的。但他統領的禁軍，手下的大將們都把刀拔出來了，要造反了，擁立趙匡胤：「趙將軍，我們想造反，但群龍無首，就選你當頭吧！」趙匡胤還在

猶豫呢，這可是要掉腦袋的大事！他的屬下不由分說，拿著準備好的黃衣（代表龍袍）披在了他身上。所有部下都紛紛拜倒，高呼萬歲、萬歲、萬萬歲！趙匡胤就被這樣被簇擁著造了反，篡權當了皇帝。

而在王朝穩定後，大家的收益不會有顯著成長了。做一件事時，考慮更多的是怎樣避免損失、保住原有利益，意見就很難一致了。下屬們開始四分五裂，沒辦法說服上司。

比如到了宋朝中期，下屬們為「變法」吵成一團，司馬光、王安石、蘇軾、文彥博這些大名人竟然爭得你死我活，各執一詞，把皇帝也弄暈了，政策也朝令夕改，整個朝廷是烏煙瘴氣。

## 領導力本質：由群體的下屬合力決定

領導力的根源在哪裡？

其實來源於群體的下屬力。

說白一點，意思就是：領袖是由群眾創造的。

別看主管們高高在上，振臂一呼，萬千下屬就跟著做。其實，主管的選擇決策是由下屬們共同決定的。

為什麼這麼說呢？我們舉個例子。

話說隋煬帝橫徵暴斂，一名在洛陽工作的高階主管，名叫楊玄感，就率領當地的八千名員工造反了。

楊玄感的軍師李密建議，最好是直接攻取關中的長安城，此時隋煬帝還在遼東前線督戰，首都空虛，可以乘虛而入。這個建議很有策略眼光，楊玄感也很認同，但是他發布軍令時，卻遭到了下屬們集體的阻撓。

　　為什麼？因為這群下屬不願意 —— 八千名跟隨他造反的員工都是河南洛陽人，他們不願遠涉千里，背井離鄉，去攻打遙遠的關中地區的長安城。

　　下屬們集合抗議：「楊將軍，我們只有先把老家河南打下來，光宗耀祖了，才能去打更遠的地方。豈有捨近求遠的道理呢？」

　　楊玄感的策略雖好，但是下屬都不支持，沒人來實行，只好放棄。

　　後來他們採用最笨拙的方法：先打最近的地方，把河南洛陽周邊一點一點啃下來。結果就變得很被動，由於洛陽防備充足，打了兩個月都沒成功，最後楊玄感兵變失敗。

　　後來，他的軍師李密輾轉加入了瓦崗軍，成為首領。別人也勸他去攻打首都長安城，是最上策。李密也遇到了同樣的難題，他說了一番肺腑之言。

　　李密對建言者說：「你提的建議我考慮很久了，是最佳策略啊！可是我的部下們都是山東人（古代河南、山東一帶），他們連自己土生土長的老家洛陽都沒打下來，怎麼願意跟我去攻

打遙遠的長安呢？」

結果一樣，李密受制於下屬的集體阻力，也失敗了。

所以，歸根究柢，老闆能做多大的事，取決於下屬們的利益點是否一致，以及下屬們的推動力是否夠強。

歷史上凡是成功的主管，都是靠滿足了下屬們共同的利益，才獲得強力支持。比如唐太宗李世民，他本來還不太想搞政變、刺殺太子，但他的屬下紛紛勸諫：再不動手我們就吃虧了，他只好尊重大家意願。

反過來說，從下屬的角度來看，如果下屬們意見一致，影響上司的決策是非常容易的一件事。

## 千年做法：歷朝歷代下屬們都組小團體

在中國古代，大臣們其實很聰明，他們知道只靠自己一人是很難影響皇帝的，於是普遍應用了這個策略 —— 組成小團體，變成一群利益相同的人，集合對皇帝施加影響。

這個方法屢試不爽，歷史上例子也不少。

- **東晉**：東晉時期，朝廷的大臣們從來不是「個體」存在的，而是組團的，有「四大家族」 —— 王家、謝家、桓家、庾家，他們集體聯合起來，影響皇帝。東晉的皇帝只知道吃喝玩樂，在治國方面更無智慧。面對這樣的上司，下屬們的單一力量是起不了什麼作用的，他們組成團體，

價值理念也一致，共同影響朝政，幫助皇帝打理，把一個弱小的王朝維持了上百年。

- **北宋**：北宋時期，下屬們也是組團影響上司，有新黨、舊黨的不同集團。像歐陽修、司馬光、范仲淹、王安石這些著名的大臣，都不是單獨作戰，而是有自己的團隊，共同去影響皇帝做決策。宋真宗軟弱無能，差點被侵略者嚇破膽，這樣一位臨陣退縮的上司，是在下屬們集體的要求下去前線督戰的，最終反敗為勝，保住了江山。作為副宰相的歐陽修，甚至寫了篇〈朋黨論〉，從價值觀上肯定這種行為，認為下屬就應該組團，才有力量去影響皇帝做出決策。

- **明朝**：明朝時期，明武宗喜好玩樂，不務正業，荒廢了國家大事，一百多名下屬聯合起來，在宮門外勸諫，才讓他回歸主業。整個明武宗時期，都因為這位上司的胡鬧而攪亂朝政，甚至一時興起，他假意討伐造反的寧王而勞民傷財動用了數十萬軍隊，只是覺得好玩。所幸有整個文官群體的節制，群臣們聯合起來阻攔上司的錯誤決策，終於成功說服上司，保證了整個國家的良好運轉。

所以你會發現，當一個組織規模變得很大時，老闆是要受下屬們的集體節制的。整個組織的運行，不是靠領導者個人的意志，而是靠強大的下屬們共同推動，誠如宋代名臣文彥博所說「君王與士大夫共治天下」，真正的決策權是掌握在千千萬

萬的下屬手裡的。

當然，下屬們能聯合起來發力，也是需要有「領頭羊」的。比如，蜀國群臣勸說劉備，是諸葛亮來領頭；東晉的群臣能左右皇帝，是王導、桓溫等權臣主導的；北宋文官集團，是有歐陽修、范仲淹、王安石等人領頭。

---

### 職場實踐：團隊影響力的思考要素

本章中思考的對象不是自己個人，而是群體同事。

在具體工作中，如何利用群體去影響上司，可思考如下（包含但不限於）三類問題。

**第一，我與同事們的合力**：我在公司裡有多少「親密戰友」？我們在什麼問題上能保持一致？我對他們的影響力有多大？

**第二，同事們對上司的意願**：大家平常對上司的態度如何？大家影響上司的意願有多強？大家為了什麼事能共同發力？大家發力的程度有多大？

**第三，上司對下屬們的回饋**：上司本人的意志力有多強？這件事在上司心目中是什麼程度？上司平常對下屬們的回饋如何？上司的底線在哪裡？

---

# 第五章

## 角色定位：要識廬山真面目，提高職業適配度

只有清楚了自己的定位，才能找到合適的上司來搭配自我發展。雙方都知道自己要什麼、對方能給予什麼，最終形成良好的合作關係，互惠雙贏，成為可持續發展的命運共同體。

# 一、做好生涯規畫，才會有合適的職業發展

## 不同抉擇：諸葛亮與他的同學們

> 魏略曰：亮在荊州，以建安初與潁川石廣元、徐元直、汝南孟公威等俱遊學，三人務於精熟，而亮獨觀其大略。每晨夜從容，常抱膝長嘯，而謂三人曰：「卿三人仕進可至刺史郡守也。」三人問其所至，亮但笑而不言。

隨著時間的延長，不同的人，職業差別是極大的。

二十年過去了，諸葛亮在蜀國坐到了丞相的位置，可謂是「位極人臣」。當他回首往事時，想起了老同學 —— 孟建、徐庶、石韜，都在北方的魏國集團工作，不知這些年他們發展如何？

諸葛亮派人一打聽，才知道三個老同學混得都一般，只做到小主管，不免感到意外：我這幾個同學能力也不差，怎麼熬了那麼多年，沒受到重用呢？

不妨來看看他們當年的職業選擇，就可見區別了。

當年，諸葛亮、孟建、徐庶、石韜四位年輕人，都二十歲出頭，還是讀書的學生。他們都是班裡的優等生，從早到晚在一起討論問題，學習的意願非常高。

但到畢業時，大家志向不同，都各有選擇。

孟建同學，他老家在北方，想回家找工作，而且當時北方有最大的企業集團——曹氏集團，事業編制健全，收入穩定，這可是年輕人擠破頭都想進的地方。

　　諸葛亮卻喜歡創業公司，還勸過孟建同學：兄弟，曹氏集團已經那麼大了，市場飽和了，你進去只能從底層做起，往上爬是很漫長的過程，而且荊州是新興開發區，正好有我們的用武之地！為什麼一定要回老家工作？

　　但孟建同學沒聽，還是覺得大企業最好，「錢多、事少、離家近」，所以，畢業後他就回了北方老家，在曹氏集團上班。

　　這是大多數人的選擇，畢竟大企業是安全保障，人生不就是圖個安穩嗎？孟同學的選擇也是符合他自己的意願的，無可厚非。

　　而諸葛亮、徐庶、石韜都應徵去了一家創業公司——劉備公司。

　　處於創業期的劉備公司，風險與機會並存：創業公司人少、規模小，一進去就是核心決策層，諸葛亮、徐庶都受到重用；但創業不穩定，面臨強大的競爭壓力，尤其曹操大軍南下，劉備公司岌岌可危，很可能就倒閉了。

　　後來，劉備公司一度撐不下去，員工們紛紛離職。徐庶、石韜兩人也跳槽去了曹操集團；而諸葛亮一直盡心做事，出謀劃策，還去遊說東吳集團，終於撐了過來。

這之後，大家的職業生涯差別就越來越大。

當然，這並不是說，諸葛亮就是正確的，其他三個人就是錯的。每個人有不同的職業選擇，有不同的歸宿。

不妨用「三葉草職業生涯規畫模型」，可以迅速看清自己的方向定位。

就借用這四位同學的例子來分析一下吧。

## 三葉草理論：興趣 —— 能力 —— 價值連動

興趣、能力、價值這三者是互相影響的，相輔相成：職業興趣的高低，會影響到工作能力的大小。職場能力的大小，又影響了事業價值的高低。職場價值的高低，反過來影響到你的職業興趣。

圖 5-1　三葉草職業生涯規畫模型

事業順利的人，三者是相互搭配的。

・ **諸葛亮**：他的「興趣 —— 能力 —— 價值」都很高。

　A. 興趣大：要做就做「金鳳凰」，要找到一個實

現天下大理想的平臺（鳳翱翔於千仞兮，非梧
不棲）

B. 能力強：有宏觀視野，有大局觀（有經天緯地
之才，能觀其大略）

C. 價值高：官至丞相，國家棟梁，留名青史

- **他的三個同學**：他的三個同學，也算是順風順水，得償所願，當了個小主管，是「興趣 —— 能力 —— 價值」搭配的結果。

A. 興趣一般：孟建只想回老家上班，徐庶就想孝敬爸媽，石韜對治國安邦的大事不感興趣（孟建思鄉里，欲北歸；徐庶今不幸半途而別，實為老母故也；石韜不省治國安民之事）

B. 能力一般：三人都只專精一門技藝，是技術型人才（三人求學皆務要精熟）

C. 價值一般：當了某個部門的主管

諸葛亮和他的三位同學，都找到了適合自己的職業。

你也用三葉草模型觀察一下，對自己的職業生涯會有更清晰的認知。

## 失敗案例：沒能獲得突破的典型

但在職場中，能像「諸葛四友」這樣職業適配的人並不多。

更多的人對現狀不滿意，在三國歷史上，就有不少人一輩子都沒辦法找到理想的職業。

- **孔融**：孔融一輩子就栽在「職業興趣」上。他一生忠於漢室朝廷，但朝廷已被曹操控制了，孔融雖能力突出（文學造詣），價值也很高（被列為「建安七子」之一），但他對曹氏集團沒有興趣。

  孔融與曹操合不來，也沒有選擇跳槽，乃至終於某一天，他觸怒了老闆，下獄被殺，被動終結了職業生涯。

- **馬謖**：蜀國的馬謖就栽在「能力不夠」上。他本來受到諸葛亮重視，價值很高；自己也很想有一番作為，想法很多，但能力卻差強人意，只是紙上談兵。

  先主臨薨謂亮曰：「馬謖言過其實，不可大用，君其察之！」

  最終，馬謖執行一個關鍵任務時失敗，影響了全公司業績，就是歷史上著名的「失街亭」，被革職下獄，結束了自己的職業生涯。

- **魏延**：蜀國的另一名員工魏延則是栽在「價值不高」上。他的能力是很大的，帶團隊、執行力沒話說；職業興趣也

很濃，一心想建功立業。可是他的價值一直升不上去，不受丞相諸葛亮重視，又被同僚排擠。

延常謂亮為怯，嘆恨己才用之不盡。延既善養士卒，勇猛過人。又性矜高，當時皆避下之。

最終，魏延變成一個牢騷滿腹的人，在公司裡和同事關係都不好，又被人算計，身首異處，結束了自己的職業生涯。

如果我們在職場中，也像上面這些人一樣，某個環節出了問題（興趣不大、能力不夠、價值不高），無法實現職業理想，該怎麼辦呢？

有辦法，我們來細細分析一下。

## 興趣不大：可以考慮職業轉型

先來說「興趣不大」。

不少人都做著不喜歡的工作，待在不適合的公司裡，每天過得乏味痛苦，日復一日，其實是很消耗人生的。

### ❖ 關羽

關羽，他曾有段人生的低谷期，被曹操招降，為曹操做事。

參照三葉草「興趣 —— 能力 —— 價值」三要素，他其他兩個因素並不差，首先他的能力很強，替曹操幹掉了兩個競爭對手。

斬顏良，誅文醜。

他的價值也很高，被曹操器重，獲得提拔，封侯授爵。

曹公即表封羽為漢壽亭侯。

但他職業興趣很小，無心留在曹氏集團，一心想回劉備公司。

羽嘆曰：「吾極知曹公待我厚，然吾受劉將軍（劉備）厚恩，誓以共死，不可背之。吾終不留，吾要當立效以報曹公乃去。」

所以，關羽的三葉草模型中，「興趣」是他成長乏力的關鍵原因。

怎麼辦呢？

應該考慮職業轉型，去做你喜歡的事情、爭取喜歡的職位。

關羽糾結了一段時間後，選擇離開了曹氏集團，「千里走單騎」到劉備公司，傳為成功跳槽的千古美談。

羽盡封其（曹操）所賜，拜書告辭，而奔先主（劉備）於袁軍。

跳槽，找到自己的職業興趣，是個不錯的選擇。

但如果很難跳槽，怎麼辦？

比如，你的跳槽成本太高，可能是因為地域限制、家庭責任或年紀大了等，總之，辭職是不划算的，但興趣又不在主業上，而在其他方面，怎麼辦呢？

❖ **張魯**

可以學習三國另外一個人物：張魯。

> 漢末，力不能征，遂就寵魯為鎮民中郎將，領漢寧太守，通貢獻而已。

張魯是漢中分公司的主管。漢中這個地方，夾在益州和中原的中間，沒有太大發展空間，但安全有保障，過過日子還是不錯的。

張魯經理也已人到中年，不願再忙碌了，反正把自己的一畝三分地治理好，不出亂子也就夠了。

但張魯有另外一個興趣 —— 道教。他可是中國道教始祖張天師的後代，對養生、煉丹充滿興趣，這變成他的一個副業。

每天下班後，他都把時間投入在「道教」上，一心一意的鑽研。

> 祖父陵，客蜀，學道鵠鳴山中，造作道書以惑百姓……魯遂據漢中，以鬼道教民，自號「師君」。

正應了魯迅那句話「成功人士的祕訣在於八小時之外」，張魯把這個副業做得風生水起，道教感化人心，竟然促進了他的主業。在公司裡，所有員工都受到感染，修身養性，和睦共處，員工餐廳免費吃飯，大家想吃多少就吃多少，竟然成了三國時期最和平的一片樂土。

皆教以誠信不欺詐，有病自首其過，大都與黃巾相似。諸祭酒皆作義舍，如今之亭傳。又置義米肉，縣於義舍，行路者量腹取足；若過多，鬼道輒病之。犯法者，三原，然後乃行刑。不置長吏，皆以祭酒為治，民夷便樂之。

像張魯這樣，活得也不錯吧？不棄主業，開發副業，樂此不疲，相得益彰，出乎意料的獲得更大成就，也實現了人生的拓展！

## 能力不夠：努力提升業務水準

再來說說三葉草中的「能力不夠」問題。

### ❖ 呂蒙

東吳的大將呂蒙就是典型。參照三葉草「興趣 —— 能力 —— 價值」三要素，他其他兩個因素並不差。

呂蒙的職業興趣很大，凡事都衝鋒在前，發揮表率作用。

蒙勒前鋒，親梟就首，將士乘勝，進攻其城。

他職業價值也高，受到老闆的重用，年終獎金也最多。

（孫權）以蒙為橫野中郎將，賜錢千萬。

但唯獨，職業能力有欠缺。呂蒙的教育程度低，連字都認不全，每次要寫文章時，只能自己口述、讓他的屬下幫忙。

蒙少不修書傳，每陳大事，常口占為箋疏。

自從當了主管，呂蒙就捉襟見肘，在交流、協調、人際關係方面，感到力不從心。

　　怎麼辦呢？這種情況下，就不是跳槽的問題了，而是提升業務能力、努力精進的事了。

　　初，權謂呂蒙曰：「卿今當塗掌事，不可不學。」蒙辭以軍中多務。權曰：「孤豈欲卿治經為博士邪！但當涉獵，見往事耳。卿言多務，孰若孤！孤常讀書，自以為大有所益。」蒙乃始就學。及魯肅過尋陽，與蒙論議，大驚曰：「卿今者才略，非復吳下阿蒙！」蒙曰：「士別三日，即更刮目相待，大兄何見事之晚乎！」肅遂拜蒙母，結友而別。（《資治通鑑》卷六十六）

　　孫權老闆多次勸他要學習。

　　呂蒙聽從了孫老闆的建議，就努力學習，提升知識程度。

　　效果很顯著，不久之後，他的直屬主管魯肅來巡察，跟他討論事務時，發現呂蒙出口成章啊，分析得頭頭是道。魯肅吃驚的說：「你進步真快，已不是當年那個阿蒙傻小子了！」呂蒙笑道：「士別三日，當刮目相待。」因此留下了這個成語典故。

　　那有人說了：我能力不夠，年紀也大了，學新技能的話，尤其是新科技，根本學不過年輕後輩，趕不上他們，可怎麼辦？

❖ 黃蓋

那不妨參照東吳的另一個將領：黃蓋。

黃蓋是東吳集團的老臣了，赤壁之戰時，已經一把年紀了。

黃公覆乃東吳三世舊臣。

他的職業興趣很大，對東吳很忠誠，一腔熱情貢獻一生；職業價值也高，資格老，受到三代老闆的尊敬。

但他作戰的能力不夠，尤其是東吳水軍經過改良後，老員工更勝任不了。黃蓋始終是個後勤主管（東吳糧官），負責基礎的糧草運輸。

但黃老將軍也想有所突破，為自己的職業生涯迎來「第二春」。

於是，黃蓋創造了一項新技能：演戲。

他和大將軍周瑜上演了一齣「苦肉計」，有了「周瑜打黃蓋」的典故。

瑜曰：「今日痛打黃蓋，乃計也。吾欲令他詐降，先須用苦肉計瞞過曹操，就中用火攻之，可以取勝。」

周瑜派黃蓋去「詐降」曹操，博得信任，裡應外合，幫助周瑜完成了對曹軍的致命一擊，從此他為自己的職業生涯點燃光輝！

黃蓋透過「自創技能」，找到一個彌補能力不足的好方法。

## 價值不高：蟄伏隱忍等待時運

再來說說「價值不高」，這方面，魏國的司馬懿是典型。

參照三葉草「興趣 —— 能力 —— 價值」三要素，他的其他兩個因素並不差。

《晉書‧宣帝紀》所述，司馬懿的職業興趣很大，一直想建功立業，匡扶天下。

漢末大亂，常慨然有憂天下心。

能力也很強，是三國時最懂計謀的人之一。

少有奇節，聰明多大略，博學洽聞，伏膺儒教。

但唯獨職業價值一直提升不了：他和諸葛亮年紀差不多，但晉升速度慢如蝸牛，諸葛亮早早做到了公司第二把手，司馬懿混了十年，還只是一個小祕書（文學掾）。

在曹操時代，司馬懿一直未得到重用，職業價值很低。他向老闆提過很多有遠見的建議，比如趁機攻打劉備、搶占四川，但都被曹操否決了，曹操並不看重他的建議。

（司馬懿）言於魏武（曹操）曰：「劉備以詐力虜劉璋，蜀人未附而遠爭江陵，此機不可失也。……」魏武曰：「人苦無足，既得隴右，復欲得蜀！」言竟不從。

司馬懿曾經勸曹操攻打劉備：「劉備剛剛用欺騙的方法打敗劉璋，吞併四川市場，這時蜀人都人心不服，局勢還是動盪的，我們機不可失，趁機進攻四川，一定能消滅劉備。」

這個建議非常有效，但曹操卻否決了：「人要知足，我們剛獲得了隴右的地盤，怎麼又想著吞併蜀地呢？」這就是「得隴望蜀」成語的由來。

曹操覺得司馬懿這個人心太大，也不想提拔他。

並且曹操一直到臨死前，還提防著司馬懿，不重用他，還告誡兒子曹丕，別提拔司馬懿這個人，說他以後肯定會干預曹氏集團，不是個做臣子的人。

因謂太子丕曰：「司馬懿非人臣也，必預汝家事。」

當然，曹操的眼光確實也毒辣，看準了司馬懿，一直壓制著他。

在司馬懿四十歲之前，職業價值一直得不到表現，在公司裡是個跑腿的。但他又很有興趣、有能力，也願意待在曹氏集團。怎麼辦？

等機會啊，蟄伏隱忍啊，做一條「潛伏的龍」啊。

當他知道曹操懷疑自己時，立刻變得謹言慎行，勤快聽話，隨叫隨到，對老闆相當尊敬，讓曹操放心了許多。

帝（司馬懿）於是勤於吏職，夜以忘寢，至於芻牧之間，悉皆臨履，由是魏武意遂安。

這還不夠，熬了好多年，依然沒被重用，一直等到曹操去世，新老闆曹丕上來了，才受到關注。

他到五十歲，才開始嶄露頭角，奉命與蜀國的諸葛亮交戰，逐漸掌握了軍隊大權。而此時的諸葛亮，當丞相都有十幾年了，早就在「一人之下，萬人之上」了。

再說司馬懿，七十歲時才誅滅他的競爭對手曹爽，算是真正掌握了大權。

司馬懿是靠不斷的「忍」、「熬」，才終於嶄露頭角，熬過了所有競爭對手，最終使自身價值達到人生巔峰，成為整個國家的實際掌權者。

當然，最後他的兒子、孫子，整個家族建立了新國家，他也成為新王朝的太祖，這個職業價值已經超過了個體的能力極限。

---

### 職場實踐：我目前的職業狀態如何

結合自身的職場環境，對自己做一個狀態分析，可以用以下問題進行整理。

**分析因素：興趣、能力、價值，我目前哪一個因素最需要得到改善？**

**興趣不大**：如果是「興趣不大」，那麼我的興趣是什麼？與目前現狀差距多大？是否部分吻合？是否可發展為第二職業？如果要轉行，代價有多大，能否承受？

**能力不夠**：如果是「能力不夠」，那麼我需要彌補哪種具體能力？提升的時間、成本如何？公司是否有資源為我所用？這項能力是否可成為我未來的核心競爭力？

**價值不高**：如果是「價值不高」，那麼是因為何種因素導

---

致？譬如性格、屬性、背景、部門原因、主管原因、外界不可抗力因素等？是我可掌控的，還是不可掌控的？可掌控的要如何改善？不可掌控的是否要另做打算？

# 二、達成合作關係：雙贏互利才有持續發展

## 雙方需求：你好我好大家好

最良好的上下級關係是怎樣的？

不是「你命令，我執行」，而是「我們是合作夥伴」。

因為是合作，雙方更趨於平等。

因為是合作，雙方更聚焦於事情本身。

因為是合作，所以你好、我好、大家好，而不是老闆一個人好。

我們只是分工不同——我需要你來統籌全局，你需要我去具體落實。大家相互配合，相互幫忙。這種關係才能真正穩定。不然，誰能永遠承受單方面的權力約束呢？一定是雙方都有權利和職責，才能長期共處。

隨著社會越來越發達，人與人的交往愈加平等，上下級關係也不再是「命令與被命令」的單一關係。未來的組織，更趨向於

「合夥人」概念，大家是合夥做事業，而淡化了「上下級命令」的等級概念，所以，我們看待老闆的角度也在悄然發生改變。

當然，合作也是有層次的，至少可以分為以下四個層次。

· 有效執行：上司負責指揮，你負責落實。
· 能力互補：你和上司各有強項，相互補充。
· 資源連結：你的資源與上司的資源對接，達成雙贏。
· 榮辱與共：你與上司在價值觀、理念上實現共振。

且讓我們細細看來。

# 有效執行：讓自己變成上司的手腳

第一個層次，有效執行，還是比較基礎的合作關係，此時不需要有太多想法，主管讓你怎麼做，你就執行到位就好了。你發揮的作用，相當於上司的手、腳。

❖ **趙雲**

趙雲剛進公司時，就是做「執行」工作。

還經常陪同第二把手諸葛亮做好安全工作。

這些具體執行的工作，主管通常已經有了成型的想法，只是忙不過來，力所不及，讓你去落實。

比如像諸葛亮這樣，想法都很周全了，趙雲照做就行。

孔明曰：「吾已定下三條計策，非子龍不可行也。」遂喚趙雲

近前。

你相當於主管的手、腳，主管自己是「大腦」。手腳本身是沒有想法的，按照命令做事就行了。

在做這些事時，關鍵要做到對任務的精準理解。

可以用 5W1H 法則，和主管確認這些要素：為什麼要做（why）、具體做什麼（what）、什麼時間做（when）、什麼地點做（where）、哪些人來做（who）、具體步驟怎麼做（how）。

把這些問題確認後，你就可以按部就班去執行了，而不需要自己有太多的想法，因為你本身就是替主管去實現他的想法。

### ❖ 馬謖

在這個層面，如果自己想法太多，反而不是一件好事，會弄巧成拙。比如，諸葛亮手下有一位高材生 —— 馬謖，他就不按照主管的原意執行，在一場重要的戰役中，發揮想像力改變原計畫，這就是歷史上著名的「失街亭」典故。

孔明曰：「街亭雖小，干係甚重。倘街亭有失，吾大軍皆休矣。汝雖深通謀略，此地奈無城郭，又無險阻，守之極難。」

諸葛亮對馬謖說：「我派你去鎮守街亭，這個地點雖小，但是關係重大，如果失守，整個大軍的防線都會崩潰。它沒有城牆可守衛，也沒有天險，極難防禦。」

諸葛亮制訂了精確的計畫，讓馬謖按此去嚴格執行。

　　但馬謖這個人呢，頗有才華，也很自負，領了諸葛亮的任務後，並不按此執行。

　　謖曰：「某自幼熟讀兵書，頗知兵法。豈一街亭不能守耶？」

　　他覺得：「我自幼熟讀兵書，很懂兵法，一個小小的街亭我還守不住嗎？」

　　然而馬謖還是覺得：主管考慮得太多啦，根本沒那麼複雜，我還是把他的任務簡化一下吧，我也很懂軍事的。

　　馬謖笑曰：「丞相何故多心也？量此山僻之處，魏兵如何敢來！」

　　到了現場後，馬謖就自己發揮了，把諸葛亮的交代拋之腦後。

　　這時他的搭檔王平還勸說：「馬主管，諸葛丞相交代的事，我們要嚴格執行，不要輕易更改。這裡地勢險要，丞相以前都親自為我們指點，我們千萬不要自作主張。」

　　平曰：「吾累隨丞相經陣，每到之處，丞相盡意指教。今觀此山，乃絕地也：若魏兵斷我汲水之道，軍士不戰自亂矣。」

　　結果呢？街亭失守，馬謖慘敗。這導致了蜀軍全面潰敗，害得上司諸葛亮差點老命都給丟了，在來不及迎敵的情況下，只能上演「空城計」，嚇退敵軍。

最後，馬謖被軍法處置，下獄殺頭。

趙雲、馬謖兩個人的例子，一正一反，給我們很大啟示：執行任務時，要學趙雲，把主管的意圖貫徹到位最妥當；不學馬謖，不要自己發揮想像，自以為是的擅自改變老闆意圖。

當然，「執行」只是你與上司合作的最基本的一項能力，發揮的作用只是手、腳功能，再繼續深一層次，就要成為上司大腦的一部分了 —— 這就是接下來的「能力互補」。

## 能力互補：獨有的才幹彌補上司的需求

當事務更複雜時，就不能只是悶頭做事了，這時上司需要你去獨當一面。

這種合作叫做「能力互補」，不僅需要執行力，還需要思考力，要有「謀劃」、「決斷」等能力的表現。

這一類人比上一類「執行者」的能力更突出了，也更有優勢。他們不僅是上司的手、腳，還是上司頭腦的一部分。

諸葛亮作為劉備的下屬，出謀劃策、思考問題，相當於劉備的一部分大腦。

劉備創業十多年，在此之前，身邊主要是關羽、張飛這樣執行力強的人，但缺少有智慧、能制定策略的人。諸葛亮則彌補了這個欠缺。

所以，劉備急需他這方面的能力來彌補自己的不足，上下

級的合作就達成了。

他們比「執行者」更高，也更受到老闆的重視。

在三國裡，很多謀士都屬於這一層次。比如，曹氏集團裡最著名的謀士荀彧。

> 常居中持重，太祖（曹操）雖征伐在外，軍國事皆與彧籌焉。太祖問彧：「誰能代卿為我謀者？」

曹操雖然也是身經百戰之人，但遇到軍國大事等關鍵問題，還是要向荀彧諮詢：「還有誰能像你這樣，能替我謀劃啊？」

在曹操眼中，荀彧的能力是「為我謀者」這四個字 —— 這意思，不就是「成為老闆的大腦」嗎？

「思考者」不能像「執行者」那樣只顧著埋頭做事，而是替老闆考慮周全，多想主意，乃至於解決問題。這其中，可以採用的方法有「上中下策提建議」的訣竅、有「前提 —— 事實 —— 結論」三段論改變老闆想法、「本能 —— 情感 —— 理性」三步法說服老闆決策等。在此之前的篇章裡，我們都詳細

提到過。

# 資源連結：自帶資源與上司合作

這一類人，不僅僅有個人的才能，還自帶豐富的資源，有自己的資金或是團隊，他們與上司的合作關係就更進一層了。

### ❖ 魯肅

東吳的魯肅，原本就是大富豪。所以，他加入東吳集團，是帶了自己的財產和糧倉來「入股」，而成為東吳的高階主管的。

> （魯肅）家富於財，性好施與，爾時天下已亂，肅不治家事，大散財貨，摽賣田地，以賑窮弊結士為務，甚得鄉邑歡心。周瑜為居巢長，將數百人故過候肅，並求資糧。肅家有兩囷米，各三千斛。肅乃指一囷與周瑜，瑜益知其奇也。

當年魯肅家裡很有錢，他也樂施好善，正當天下大亂的時候，孫氏集團崛起，周瑜是孫氏集團的大將，在帶兵作戰時，因為糧食不夠而向當地大財主魯肅求助。魯肅把家裡糧食分一半給了周瑜的軍隊，後來兩人成為好朋友，魯肅也因此自帶資源加入孫氏集團的陣營。

### ❖ 馬超

蜀國的馬超，他不僅自己武藝高超，而且相比於其他武將來說，他更有重要的軍隊資源，所以，更受到劉備重視。

> 馬超積祖西川人氏，素得羌人之心，羌人以超為神威天將軍。

馬超祖上就是西川邊境的人氏，在羌族人心目中很有威望，這些游牧民族都把馬超看作神威大將軍，聽他的號令。所以，他投靠劉備後，因為自帶強大粉絲資源，劉備封他為大將軍，掌管整個西北邊境。

### ❖ 魏延

而再反觀劉備陣營的另一個將軍 —— 魏延。論個人能力，他不比馬超差，一樣能征善戰，但他很長時間沒受到重用，為什麼？因為魏延只有一個人，沒有自帶資源和團隊。

> （魏延）以部曲隨先主（劉備）入蜀，數有戰功，遷牙門將軍。

意思是說，魏延當年是以「部曲」的身分加入劉備陣營的。「部曲」是古代介於奴婢和平民之間的一個階層，身分很低，本人沒有戶口。魏延的身分很低下，更不可能自帶團隊了，雖然他武力過人，個人能力強，但劉備僅僅提拔他為「牙門將軍」—— 這只能算作雜牌將軍，不是古代正式的軍銜。魏延也因此熬了幾十年，才成為蜀國的一員大將，但即使如此，依然被老同事們看輕。

所以，幾乎同一時期進入公司的魏延、馬超，待遇卻差別極大。

擁有自己資源的下屬，最受到上司重視，因為他們不僅

「出賣個人的勞力」，還擁有自己的團隊、資產、人脈等豐富資源。說白了，職場是一個「利益需求」的地方，誰的資源越豐富，被重視的程度就越高。

### ❖ 孟獲

在三國裡，最受重視的當然是南方的少數民族頭領 —— 孟獲。他不僅有個人才能，更有軍隊、有地盤、有資產，這種稱霸一方的頭領，上司是無比重視的。

諸葛亮親率軍去征討，就有人建議說，對待孟獲，強力征服是不管用的，一定要與他合作，收服其心，讓他知道與蜀國合作有好處，雙方關係才能保持長久。

> 南中恃其險遠，不服久矣。雖今日破之，明日復反耳。……夫用兵之道，攻心為上，攻城為下，心戰為上，兵戰為下，願公服其心而已。

所以，諸葛亮才有了「七擒孟獲」的故事：七次打敗孟獲，但七次都把他放了，為的就是收服人心，達成合作。而孟獲也識時務，最終把自己定位為「下屬」的角色，效忠於上司諸葛亮，為蜀國邊境保平安，自己又能掌控一方。雙方非常愉快的合作了幾十年。

## 榮辱與共：價值情感利益的綁定

最高層次的合作，是下屬和老闆在價值觀、情感、利益

上保持一致，大家是「同一條船上的」，形成榮辱與共的關係 —— 這已經超越普通的工作關係。

比如關羽、張飛，他們倆和劉備不僅僅是上下級關係，還是「同事＋親人」的關係。他們早年就結拜為異姓兄弟，「桃園三結義」的典故便由此而來。劉備和他們除了工作上配合，連吃飯、睡覺、生活都在一起，真可謂是家人一樣。

先主（劉備）與二人寢則同床，恩若兄弟。

他們的價值觀高度一致，感情也非常深，比如，關羽哪怕受到其他公司優厚的待遇，都義無反顧的要去追尋劉備。

羽嘆曰：「吾極知曹公待我厚，然吾受劉將軍厚恩，誓以共死，不可背之。吾終不留，吾要當立效以報曹公乃去。」

這種合作關係是最緊密的。

到後期，諸葛亮和劉備也是這種關係，劉備對諸葛亮的信任，已經超越了一般君臣，在去世前要求自己的兒子劉禪對諸葛亮要像父親一樣，當成自己家裡的人。

先主（劉備）又為詔敕後主（劉禪）曰：「汝與丞相（諸葛亮）從事，事之如父。」

並且對諸葛亮非常坦誠，跟他交代後事時完全是自家兄弟商量的口吻。

謂亮曰：「君才十倍曹丕，必能安國，終定大事。若嗣子可輔，輔之；如其不才，君可自取。」

上下級關係做到這種程度上，真的是達到巔峰了。

他們的價值觀高度一致，情感非常牢靠，利益也綁定在一起，可謂是相得益彰，相互成就。

其實，發展到這個層次，劉備和關羽、張飛、諸葛亮就有點像現代企業的「合夥人」，大家是參股合夥開公司，只是職責分工不同，但綁定了共同的利益，一起朝著同一個目標前進。

每個人都知道，別人的努力會讓自己有好處，自己的努力也會為別人帶來好處，這就是「我為人人，人人為我」的表現。

這樣的上下級，真正成為「共生」關係，是感情最為真摯、連接最為緊密的夥伴，相互間成為人生中不可或缺的一部分。

> **職場實踐：分析自己在哪一個層次**
>
> 你與上司處在哪個層次的關係，是基於自身的角色、實力決定的。
>
> 可以查看分析一下，自己在哪個層次？
>
> **新人、基層員工**：通常只能是「執行者」的角色，接受上司的指令，做好規定事務，機械性的行使自我功能。
>
> **有經驗的資深員工**：你的才能卓越，能替上司控制場面、解決更大問題，部分的替代他去完成任務，有創造力的行使自我功能。

**自帶資源的實力人士**：你本身擁有資源，是上司所需要或借助的，你們之間相互連結，你有自己的一方天地，可以討價還價。

**價值觀利益一致的合夥人**：你們綁定在一起，休戚與共，不僅是上下級，更是朋友、夥伴的關係，相互成為人生中不可或缺的一部分。

# 三、特殊手段：老前輩都不會說的方式

## 做擋箭牌：衝在前面替老闆擋刀

在與上司相處的過程中，有一些微妙的角色，需要你去扮演。

這些關係和職位無關，但和人性有關，如果你不懂，就很容易碰壁。

比如，為老闆做「擋箭牌」，就是一個臨時而微妙的角色。

老闆遭受壓力時，比如，面對他人衝擊或更高一級的權力壓迫，這時如果下屬也在場，他是很沒面子的，有損於權威尊嚴。如果下屬「夠懂事」，這時應該主動跳出來，替老闆「擋刀」，避免其遭到正面衝擊。

在劉備想向東吳求援時，諸葛亮就主動出來做「擋箭牌」。

當時，曹操大軍壓境，劉備公司岌岌可危，而東吳的孫權也派了魯肅前來接洽，劉備彷彿抓到一根救命稻草，急於聯絡魯肅，和東吳聯合抗曹。

但魯肅，是由公司第一把手劉備親自洽談嗎？

這是不妥的。原因有三：一是顯得太心急，老闆親自面談，說明我方特別看重此事，讓自己陷於被動。二是老闆談完之後，基本是改不了了，如果讓下級去談，老闆還有迴旋的餘地。三是劉備和魯肅的級別不對等，如果第一次就把自己身分做低，尤其在中國文化裡，主動表示「低人一等」，合作上容易吃虧。

於是，諸葛亮這時站出來，替老闆出面。

遂謂玄德：「魯肅至，若問曹操動靜，主公只推不知，再三問時，主公只說可問諸葛亮。」

諸葛亮跟劉備說：「劉老闆，東吳特使魯肅來了，如果他要打聽情況，你就推到我身上來，我來替你回答。」

這樣，劉備就不需要直接面對魯肅。畢竟，劉備當時吃了敗仗，狀況不佳、實力很弱、經營不善，處處都是劣勢，如果他跟魯肅面談，是很尷尬的，會讓對方瞧不起。

諸葛亮作為下屬去談，就是去替老闆「擋刀」的。

談完之後，諸葛亮打算跟魯肅去東吳，面見孫權老闆。這說明劉備公司已經確定了「求援」方針。

但這時劉備還要維持一下高姿態，畢竟不能顯得我方太渴求了。

> 肅堅請孔明同去。玄德佯不許。孔明曰：「事急矣，請奉命一行。」玄德方才許諾。

魯肅請諸葛亮一同去東吳見孫權。劉備佯裝作不肯，故意擺出姿態。而諸葛亮也裝作請求的樣子：「事態緊急，請劉老闆您同意讓我去吧。」

這樣一裝，把劉備的姿態做高了，維持了己方公司的尊嚴。然後劉備才同意說：「好吧，既然你堅持要去，我就答應了。」

這種「擋刀」職責是下屬的基本角色之一。

還有情況更嚴重之時，下屬的擋刀功能就更強了。

比如，兩個主管之間爆發衝突，都下不了臺了，下屬要出來犧牲自我，緩和衝突。

後來劉備和孫權發生了一場衝突，且看其中人物的表現。

劉備來東吳娶親，為政治聯姻，娶的是孫權之妹、吳國太之女 —— 孫尚香。吳國太很喜歡劉備，安排在甘露寺訂親；但孫權不喜歡，便讓大臣呂範安排了刀斧手賈華暗中埋伏，想殺了劉備。

當時在場人的級別是這樣：

· 最高級：吳國太（孫權、孫尚香的母親，劉備的準岳母）。

231

- 次高級：劉備、孫權（兩大集團的首領）。
- 中層主管：呂範（孫權的謀士）。
- 基層員工：賈華（刀斧手）。

最初，場面喜氣洋洋，訂親的日子，由吳國太做主。孫權和劉備都在旁邊恭候著老人家。

但很快，吳國太發現不對：兒子孫權在背後做手腳，想害劉備。老人家很生氣，當著所有人的面，在現場發飆了。

國太大怒，責罵孫權：「今日玄德既為我婿，即我之兒女也。何故伏刀斧手於廊下！」

吳國太大怒，罵兒子孫權：「今天是我選劉備做女婿的良辰吉日，我準備要把女兒、你妹妹嫁給他。你怎麼埋伏刀斧手要殺他？」

現場氣氛頓時僵住。

當時，孫權和劉備的屬下都在場，矛盾被挑明，誰都下不了臺階。

孫權、劉備二人，作為兩大集團的老闆，心裡也在糾結：我倆當面發生衝突，很難有迴旋餘地了，這個殘局收拾不了，這可怎麼辦？

尤其是孫權，他面對衝突，承認也不是，不承認也不是。承認的話，就是公開和劉備撕破臉了；不承認的話，可事實證

明他做了手腳，怎麼解釋？

考驗智慧的時候來了。

這時，就要趕緊找「擋刀者」，讓下屬來背這口黑鍋。

> 權推不知，喚呂範問之。範推賈華。國太喚賈華責罵，華默然無言。

孫權趕忙推說：「我不知道這回事，還有這事？埋伏刀斧手，誰的主意？」然後叫屬下呂範過來，問：「呂範，是不是你瞞著我安排的？」

呂範作為中層主管，也不傻，他也裝：「我也不知道啊，還有這事？肯定是下面的基層員工做的。」於是再叫更低一級的下屬賈華過來，問：「賈華，是不是你私自安排的？」

這就是職場中常發生的現象：上級挨了罵後，就一級一級罵下去。

吳國太大怒，責罵賈華：「原來是你幹的好事啊！混帳東西。」

賈華的反應是什麼？四個字：「默然無言」。

他作為最低一級的下屬，要為所有的上級背鍋。此時的他，肯定不能否認這件事，不然上級就演不下去了；但他也沒必要主動承認，最好的方式就是「默認」，不說話，不表態，也不否認，默默的做好背黑鍋的角色就是了。

賈華挨罵，就是讓主管們有臺階下。

吳國太也不傻，她不衝著孫權發火了，畢竟孫權是自己兒子，而把矛盾全推到賈華身上。

吳國太還要繼續表態，把賈華當作「擋箭牌」，要斬了他。

國太喝令斬之（賈華）。

這是吳國太做給劉備一方看的，意思是說：你看，我可是很公正的。

而劉備也不傻。在別人家的地盤上，怎麼敢撕破臉呀，趕緊打圓場。

玄德告曰：「若斬大將，於親不利，備難久居膝下矣。」喬國老也相勸。國太方叱退賈華。刀斧手皆抱頭鼠竄而去。

劉備知道，如果真斬了賈華，孫權是要記恨的，俗話說「打狗也要看主人面」。趕緊勸道：「算啦算啦，國太您別生氣了，今天是訂親的日子，殺人是不吉利的，還是放了賈華吧！」

其他人也過來勸，喬國老也出來勸。

雙方都有了臺階，氣氛也就緩和了。吳國太也就放了賈華一馬，賈華領著一幫刀斧手「抱頭鼠竄」而去，這事就可以了結了。

你看，賈華這個小員工，把角色做得真到位。

大家也就各得其所，一場風波就此平息。

# 演一場戲：看破老闆心思但不點破

老闆對你有些懷疑，你也察覺到他對你不信任。

你想向他證明自己，但又不能明說，這會讓雙方都尷尬。怎麼辦？

可以演一場戲，透過某些間接行為，表達你的態度，卻又不點破。

秦國的老前輩王翦就是這麼做的。（《史記·王翦將兵》）

王翦是秦始皇手下最有名的大將之一，世代都征戰沙場。秦國欲滅楚國，舉全國六十萬兵力，派王翦統領。但把這六十萬大軍全都交由王翦一個人指揮，秦始皇難免不放心。屬下的權力過大，老闆都會忌憚的。尤其像秦始皇這樣心理陰暗、多疑之人，對待權力過大的下屬更是小心，親自把王翦送到長安城外圍，還不放心。

於是王翦將兵六十萬人，始皇自送至灞上。

王翦可是職場老前輩了，他發現秦始皇不放心自己，就自編自導了一場戲，讓秦始皇一下子就釋疑了。

> 王翦行，請美田宅園池甚眾。始皇曰：「將軍行矣，何憂貧乎？」王翦曰：「為大王將，有功終不得封侯，故及大王之向臣，臣亦及時以請園池為子孫業耳。」始皇大笑。

王翦在準備出兵時，跟秦始皇談條件：大王，要把咸陽城周邊的田宅美院都賜給我啊。秦始皇問：「王將軍你都是一國

大將了，還想著這些發財的事啊？」王翦說：「老闆，我年紀一大把了，怕自己以後封不到侯爵，所以現在趁機向您多要些土地、田宅，好替我自己養老啊，也能留給我的後代子孫們。」秦始皇聽了後，哈哈大笑。

秦始皇為什麼大笑？因為他放心了。一個手握六十萬大軍的人，還想著回來養老，要房子要田地，讓子孫們住進去——說明他沒有叛逆之心，就想著安安穩穩的退休回老家。

這樣還不夠，王翦還要繼續演下去。

王翦既至關，使使還請善田者五輩。或曰：「將軍之乞貸，亦已甚矣。」

他出兵之後，還繼續派使者稟報秦始皇，希望再多賜些田產，乃至於連續申請了五次。這戲演得可有點過了，下屬們都看不下去了：「老將軍，您這樣巴望著那些田產，可有些過分了，不像您的風格啊！」

王翦是怎麼回答的？

王翦曰：「不然。夫秦王怚而不信人。今空秦國甲士而專委於我，我不多請田宅為子孫業以自堅，顧令秦王坐而疑我邪？」

王翦說：「才不是呢，你們以為我為了發財嗎？要知道，秦王疑心很重的，尤其對於我們這種手握重兵之人。現在秦王把軍隊都交給我一人統率，他更糾結猶豫，我要是不多申請一些私人田產，表示自己想回家養老，考慮子孫後代的事，他能

放心嗎？」

這就是看破了老闆的心思，但又不能明說，就演戲給他看。老闆也不傻，一看就明白了，與下屬心照不宣。

演技高超的不只王翦，還有漢朝開國丞相蕭何。（《史記·蕭相國世家》）

> （劉邦）數使使問相國（蕭何）何為。相國為上在軍，乃拊循勉力百姓，悉以所有佐軍，如陳豨時。

劉邦建立西漢，蕭何是第一功臣，當上了丞相。每次劉邦親自帶兵出去打仗，蕭何都在首都坐鎮，認真的做好後勤工作，從未有懈怠。

但即使這樣，劉邦還是不斷派使者從前線回來詢問蕭何在做什麼。蕭何就更不敢懈怠，表現得愈加敬業，勤勉對待百姓，把關中地區治理得井井有條。

可這時有個門客來提醒蕭何，說了一句驚為天人的話。

> 客有說相國曰：「君滅族不久矣。夫君位為相國，功第一，可復加哉？然君初入關中，得百姓心，十餘年矣，皆附君，常復孳孳得民和。上所為數問君者，畏君傾動關中。今君胡不多買田地，賤貰貸以自汙？上心乃安。」

門客說：「丞相，您離滅族不遠了！」

可把蕭何嚇傻了：「我兢兢業業做事，為什麼離滅族不遠了？」

門客說：「您知道為什麼皇上不斷的派使臣來查看嗎？」

蕭何說：「當然是看我做事是否盡責啦！」

門客直搖頭，說：「丞相，您現在已經是一人之下萬人之上了，業績還做得這麼好，還能提拔嗎？再往上提拔是什麼地位了？威脅到皇權了。當初，進入關中地區，在此建都，您就名聲很高，得到百姓們的擁護。如今十多年過去了，您的名望和地位都達到了頂峰。皇上多次派人問及您，就是怕您控制了整個關中地區。您要是造反，還不是輕而易舉的事？」

這一番話說得蕭何心驚肉跳，冷汗直流。

原來皇上是這樣想的，那可如何是好？

直接向他表忠心嗎？那豈不是顯得欲蓋彌彰，此地無銀三百兩？

但總要做點什麼來化解吧，那就演一場戲好了。

門客提出一個建議：「丞相，您不如故意利用職權低價買土地，然後租出去賺錢，表示自己只為了那些蠅頭小利，其實沒什麼大的志向。而且不久之後，就會有人到皇上那裡告狀，只有您的名聲受損，皇上才不會對您起疑心啊。」

蕭何聽了，一拍大腿：「有道理，就這麼做。」

於是相國從其計，上乃大說。

於是蕭何按這個計策演了一場戲，真損害了自己的名聲，劉邦聽說後，反而高興起來。因為，他安心了。

# 投其所好：保持和老闆一致的興趣

老闆也是人，只要是人，就有興趣偏好。如果你和老闆有一致的興趣，或者投其所好，老闆自然更關注你。

歷史上知名的，如宋徽宗和蔡京。他們君臣二人都對字畫、奇石很有研究，兩人在藝術上的造詣都很高，書法都是一等一的好手，有共同語言，因此超越了上下級關係，更像是朋友知己。再如乾隆與和珅，和珅可是精通滿、蒙、漢、藏四種語言的高材生，又精通詩詞歌賦，乾隆也是寫詩高手，兩人經常切磋文學，興趣一致，也超越了一般的上下級關係，變得相互欣賞。

別看蔡京、和珅被批為奸臣，但他們能得到上司的欣賞，與其能力、興趣有關，這一點是值得借鑑的。

或許你以為，只有「奸臣」會對老闆投其所好？而「忠臣」就只會苦口婆心的勸諫？非也。「忠臣」一樣懂得對上司投其所好。

袁崇煥，是明朝的大忠臣，他駐守北部邊疆，多次打敗入侵的敵軍，立下汗馬功勞，被稱為「大明長城」。後世的許多人都讚揚他，梁啟超稱他是「關係國家之安危、民族之隆替者」，金庸讚揚他「袁崇煥是悲劇英雄，他有強大的勇氣，衝天的幹勁」。

但袁崇煥在對待他的上級 —— 大太監魏忠賢時，也是「投其所好」。

當時，明朝天啟皇帝不管政事，大太監魏忠賢控制朝政，可謂「一人之下，萬人之上」，滿朝官員都噤若寒蟬，被無辜整治的人很多。而袁崇煥卻和這位「太監上司」關係要好，在寫給朝廷的奏摺裡，肉麻的吹捧魏老闆，說他功在社稷，古今內外都找不到第二個這麼厲害的人了。

魏忠賢喜歡標榜自己，最大的興趣是自我宣揚。於是，全國的官員都搶著替他建「生祠」。何謂生祠？為活著的人建立祠廟，而加以奉祀。這種宣傳道德模範的方式，竟然用在大太監那裡。

而袁崇煥早早的就投其所好，在遼東前線替魏忠賢建了生祠。

所以，即使是忠臣，要做出業績，一樣要對上級主管投其所好。

當然，有人說，魏忠賢是壞蛋，控制朝政，袁崇煥不得已才巴結他。但明朝還有一對上下級：張居正、戚繼光，這兩人都是絕對的正面人物，戚繼光一樣對張居正投其所好。

戚繼光是中國著名抗倭將領，治軍嚴謹，雷厲風行，打敗日本海盜，維護國家尊嚴；張居正是明朝最有名的宰相，主導經濟改革，推動國家轉型，政績非常之高。

但張居正就沒有自己的興趣愛好？戚繼光就永遠是剛正不阿的態度？

非也。戚繼光向他的老主管張居正送禮送得可嚇人了。

張居正離京返鄉安葬亡父時，一路上大擺排場，不僅京城的各級官員前來相送，而且坐著官員們特意訂製的「豪華房車」——超級大轎子，要三十二個轎伕一起抬，內有臥室、起居室、走廊。除此之外，戚繼光專門派了火銃手、弓箭手等高級保鏢，一路護送張居正回老家，那氣勢風光至極。

張居正也非常享受，從不拒絕下屬貢獻的好意。

## 斬斷能力：用自廢武功的方式表忠誠

要博得上司的信任，還有一個更極端的方式——自廢武功。向上司表達自己的死心塌地：我現在沒別的辦法了，只能依靠您了，您絕對可以相信我。

為什麼太監很受皇帝信賴？其信任度常常超過那些功臣們？

因為太監失去了「傳宗接代」的能力，他們沒有後代，也沒有親人，這一生也沒有期盼，永遠只是一個人。對太監來說，這輩子唯一的生存方式就是依靠皇帝，與皇帝榮辱與共。

而大臣們、將領們再怎麼忠誠，也有自己的家人、老婆孩子、黨羽勢力。他們首要是考慮自家人，然後是團隊部下，而

對於皇帝，那只是需要的時候才效忠，不需要的時候也許哪天就造反了。

所以，皇帝也不傻，最喜歡太監，防著大臣將領。因為太監把整個人生都交給了皇帝，完全的依靠他。

在中國古代，這種「自廢武功」的表達忠心方式，還有其他形式。

有一種方式叫「送人質」。

春秋戰國時，諸侯國相互結盟、交戰，打得很頻繁，大家都互相不信任，怎麼辦呢？

於是，一國為了向另一國表示誠意，會把本國的王子（或太子）送到對方國家去，作為人質，稱作「質子」——那意思是：我的命根子、繼承人都交給你啦！你還信不過我嗎？

秦始皇（嬴政）的父親，就是秦國作為「質子」交換到趙國去的。

當時，秦國為了和趙國結盟，贏得信任，就把本國的太子送到趙國去。太子在趙國生活多年，娶了一個小老婆，生下一個兒子，就是嬴政。嬴政自幼生長在趙國，長期被軟禁。

還有一種方式是「自剪羽翼」。

晚清時期，曾國藩組建湘軍，為清政府鎮壓了太平天國，權力迅速擴大。多年之後，滅掉了太平天國，湘軍勢力已涵蓋整個南方，曾國藩手上握有幾十萬軍隊，完全可以與清廷抗衡了。

朝廷越來越懷疑曾國藩，對他充滿不信任。曾國藩為了表示忠誠，主動上奏，請裁撤湘軍，這就是「自廢武功」，讓上司放心。並且，還沒等朝廷答覆，曾國藩自己就開始裁掉三萬軍隊，發給錢財，讓他們解甲歸田，回老家種地去了。

慈禧太后聽說此事，那是相當的高興，自此對曾國藩無比信任。

曾國藩後來又擔任了更高階的官員，一生享受殊榮，成為中國歷史上著名的「功成身退」的榜樣，甚至被讚譽為「三百年來第一完人」，被後世反覆提及。

## 最強做法：還是真誠最得人心

以上列舉了那麼多「特殊手段」，都是技巧層面的做法，可以懂得，但要少用，切不可捨本逐末。

最強大的做法，還是真誠，唯有真誠得人心。

與人相交，真誠才是根本，因為任何技巧都帶有表演的成分，只要是表演，時間長了，別人都會感覺得到。

### ❖ 諸葛亮

諸葛亮雖然計謀奇多，精於算計，但他對上司劉備很少使用計謀。兩個人在互動過程中，都是坦誠相待。所以，當劉備即將去世時，無比信任的把整個國家大權都交給諸葛亮，還把兒子們也託付給他。

讓自己的幾個兒子都尊稱他為「相父」，意思就是「既是丞相的角色，又是父親的角色」，這種信任是非常高的。

不僅如此，劉備還坦誠的告訴諸葛亮，如果我的兒子們不成器，你就自己來當皇帝吧，畢竟，你是能擔重任的人，整個蜀國沒有誰比得上你了。

> 謂亮曰：「君才十倍曹丕，必能安國，終定大事。若嗣子可輔，輔之；如其不才，君可自取。」

諸葛亮感動至極，痛哭流涕。他也沒有辜負上司的重託，回報以終生的奉獻，鞠躬盡瘁，死而後已。

除此之外，三國歷史中，真誠的例子很多。

### ❖ 趙雲

趙雲，他於劉備危難之際，並沒有逃跑，而是隻身闖入敵軍大營去救出劉備的兒子，劉備對他也很真誠，有個故事就很能說明。

> 初，先主（劉備）之敗，有人言雲（趙雲）已北去者，先主以手戟擿之曰：「子龍不棄我走也。」頃之，雲至。

當時敵軍壓境，劉備逃難，大家都走散了。有人告訴劉備：「趙雲捨棄您，去投降曹操了。」劉備搖頭說：「不會的，子龍不會棄我而走的。」果然幾個時辰後，趙雲回來了。老闆和下屬，都相互信任至極。

還有跳槽的職員，也是可以與上司真誠溝通的。

### ❖ 徐庶

徐庶，他從劉備公司離職走人了，去了競爭對手那邊，但很坦誠的表明態度，也得到了尊重理解。

> 庶辭先主（劉備）而指其心曰：「本欲與將軍共圖王霸之業者，以此方寸之地也。今已失老母，方寸亂矣，無益於事，請從此別！」遂詣曹公。

意思說，曹操抓了徐庶的母親，要挾徐庶。徐庶向上司劉備請求辭職：「我本來想和您一起創業打天下的，但現在我家人被曹操抓了，我方寸大亂，無心事業，請讓我辭職可以嗎？」劉備見徐庶這麼真誠，最終同意了。徐庶就去了曹氏集團上班。

但徐庶跳槽，並不等於對劉備不講情誼，相反，他們相互是很真誠的，徐庶坦誠的向劉備推薦了一個大人才，便是諸葛亮。

> 徐庶見先主，先主器之，謂先主曰：「諸葛孔明者，臥龍也。將軍豈願見之乎？」先主曰：「君與俱來。」庶曰：「此人可就見，不可屈致也。將軍宜枉駕顧之。」由是先主遂詣亮，凡三往，乃見。

徐庶說：「劉老闆，我向您推薦一個比我更厲害的人才，叫諸葛亮，他是我的好朋友。而且只能是您去拜訪他，不能讓他屈尊來找您。如果您真需要招募英才，可以親自去拜見。」劉備也很信任徐庶的話，就照著徐庶所說，以自己皇叔的身分去求見年輕人諸葛亮，有了「三顧茅廬」的經典故事。

而即使後來諸葛亮、徐庶分別在兩家敵對勢力工作，但他們也保持了真誠交往，幾十年後，諸葛亮還向曹氏集團打聽徐庶的情況，寫信託人表示慰問。

人生在世，不僅僅是工作利益關係，還有人們最真摯的情感連結。

### ❖ 關羽

最真誠的，還是曹操和關羽之間的友情。曹操本是一個奸雄，關羽又不服他，雖有短暫投降，但時刻想著離職走人，曹操也是知道的，但即使如此，曹操對待關羽依然很真誠。

> 乃羽殺顏良，曹公知其（關羽）必去，重加賞賜。羽盡封其所賜，拜書告辭，而奔先主於袁軍。左右欲追之，曹公曰：「彼各為其主，勿追也。」

曹操知道關羽一直想跳槽，但仍然提拔賞賜他。關羽不要曹操的賞賜，留下書信就辭職走人了，他要去找大哥劉備。曹操手下的將士們不答應，要去追殺關羽，曹操攔住了，說：「算啦，各為其主，讓關羽走吧，都別追了。」

雖然關羽離開曹操，並且在日後的競爭中，與曹氏集團是死對頭，但他心裡還是記著這恩情的。在赤壁之戰時，曹操戰敗逃難，路上遇見了關羽，此時關羽只要手起刀落，就能砍掉曹操，但他想起了曹老闆當年對自己的恩情，又見到曹老闆狼

狽不堪，根本不是自己的對手，最終還是放走了曹操。

> 雲長是個義重如山之人，想起當日曹操許多恩義，與後來五關
> 斬將之事，如何不動心？又見曹軍惶惶，皆欲垂淚，一發心中
> 不忍。

這便是三國著名典故「華容道」。關羽寧願自己受罰，還
是在華容道放走了競爭對手曹操，因為曹操曾經對他有恩，他
心中不忍。

曹操當年對關羽這個要離職的下屬很真誠，關羽現在對曹
操這個落魄的前老闆也很真誠，這應該是三國最感人的一段故
事吧。

下屬與上司，有的成為一輩子的事業夥伴，像劉備和諸葛
亮；有的志向不同分道揚鑣了，像曹操和關羽 —— 但無論如
何，彼此間的真誠是流傳後世千年的，是最值得我們學習的。

---

**職場實踐：回顧所有的技巧**

這本書，教了大家很多的技巧，最後，我把它們總結回顧一
下，濃縮成一頁紙，以便大家鞏固知識。

第一招：分步呈現

（1）簡報技巧：why —— what —— how 三步法

（2）成長技巧：潛龍勿用 —— 見龍在田 —— 飛龍在天

（3）建議技巧：上策 —— 中策 —— 下策

第二招：換位思考

---

(1) 邏輯技巧：前提 —— 事實 —— 結論

(2) 人格要素：價值觀 —— 現實原因 —— 實際做法

(3) 說服技巧：本能 —— 情感 —— 理性

**第三招：關係維護**

(1) 關係模型：需求痛點 —— 特殊提供 —— 長期價值

(2) 性格相處：藍色 —— 紅色 —— 黃色 —— 綠色四類人

(3) 關鍵人物要素：關鍵職位、跟班祕書、特殊職能、爭取
　　 對象

**第四招：主動出擊**

(1) 印象力模型：矛盾衝突 —— 參與投入 —— 成功解決

(2) 上級要素：決策者 —— 矛盾利益 —— 捲入方式

(3) 團隊要素：群體利益 —— 共同影響

**第五招：角色定位**

(1) 定位技巧：興趣 —— 能力 —— 價值

(2) 合作技巧：執行 —— 互補 —— 連結 —— 綁定

(3) 特殊技巧：擋箭牌、演一場戲、投其所好、斬斷能力

三、特殊手段：老前輩都不會說的方式

電子書購買

國家圖書館出版品預行編目資料

上司欠管理：分步呈現 × 換位思考 × 關係維
護 × 主動出擊 × 角色定位，五個絕招帶你輕
鬆「駕馭」自己的主管！ / 鞠佳著 . -- 第一版 . --
臺北市：崧燁文化事業有限公司 , 2022.08
　面；　公分
POD 版
ISBN 978-626-332-589-0( 平裝 )
1.CST: 職場成功法
494.35　　111011277

# 上司欠管理：分步呈現 × 換位思考 × 關係維護 × 主動出擊 × 角色定位，五個絕招帶你輕鬆「駕馭」自己的主管！

臉書

作　　　者：鞠佳

發 行 人：黃振庭

出 版 者：崧燁文化事業有限公司

發 行 者：崧燁文化事業有限公司

E - m a i l：sonbookservice@gmail.com

粉 絲 頁：https://www.facebook.com/sonbookss/

網　　　址：https://sonbook.net/

地　　　址：台北市中正區重慶南路一段六十一號八樓 815 室

Rm. 815, 8F., No.61, Sec. 1, Chongqing S. Rd., Zhongzheng Dist., Taipei City 100, Taiwan

電　　　話：(02) 2370-3310　　傳　　　真：(02) 2388-1990

印　　　刷：京峯彩色印刷有限公司（京峰數位）

律師顧問：廣華律師事務所 張珮琦律師

── 版權聲明 ──

定　　　價：350 元

發行日期：2022 年 08 月第一版

◎本書以 POD 印製